山东省高等教育名校建设工程课程改革教材

电工基础与仪表实验实训

主　编　黄鲁新　王书平
副主编　申加亮　黄鲁博　范　伟
主　审　王金平

黄河水利出版社
·郑　州·

内容提要

本书是山东省高等教育名校建设工程课程改革教材，是本着高职教育的特色，依据中央财政支持专业建设方案和山东省特色名校建设方案要求进行编写的。本书共分为五个项目，主要内容包括实验实训基本要求、常用电气元器件的选用与测量、常用工具与仪表、电工基础实训、Multisim 电工基础与仪表仿真实训等。本书以强化基础、突出能力培养、注重实用为原则，适合“任务驱动，教、学、做一体化”教学模式。

本书可作为电气自动化技术、机电一体化技术和电子信息工程技术等专业的实训教材，也可供自学者和企业技术人员学习参考。

图书在版编目(CIP)数据

电工基础与仪表实验实训/黄鲁新，王书平主编．郑州：黄河水利出版社，2015.7
山东省高等教育名校建设工程课程改革教材
ISBN 978-7-5509-1183-3

Ⅰ.①电… Ⅱ.①黄… ②王… Ⅲ.①电工仪表-高等学校-教材 Ⅳ.①TM93

中国版本图书馆 CIP 数据核字(2015)第 185887 号

组稿编辑：王路平　电话：0371-66022212　E-mail：hhslwlp@163.com

出 版 社：黄河水利出版社
地址：河南省郑州市顺河路黄委会综合楼 14 层　邮政编码：450003
发行单位：黄河水利出版社
发行部电话：0371-66026940、66020550、66028024、66022620(传真)
E-mail：hhslcbs@126.com
承印单位：河南承创印务有限公司
开本：787 mm×1 092 mm　1/16
印张：5.25
字数：120 千字　印数：1—1 000
版次：2015 年 7 月第 1 版　印次：2015 年 7 月第 1 次印刷

定价：14.00 元

前 言

本书是依据中央财政支持提升社会服务能力重点建设专业和山东省高等教育名校建设工程重点建设专业人才培养方案和课程建设目标要求，并按照国家及行业有关电工基础与仪表的新规范、新标准编写完成的。在吸收有关教材和技术文献资料精华的基础上，充实了新思想、新理论、新方法和新技术；以“工学结合”为主线，以培养学生的实践能力为目标，注重学生职业能力训练和综合素质培养，体现了高等职业教育的特点，突出了适用性、实践性、创新性的教材特色。

“电工基础与仪表”是高等职业院校电气自动化技术专业的重要专业基础课程，它既是专业课程体系中高等数学等基础课的后续课程，又是后续模拟电子技术、数字电子技术、电机拖动、供配电技术等专业课程的基础，在整个人才培养方案和课程体系中起着承前启后的重要作用。“电工基础与仪表实验实训”是电气类及相关专业学生必修的一门基本技能实训课。

本书为实践性教学环节的内容，其目的是通过实际操作，把实验实训中的感性认识与基本理论知识有机地结合起来，进一步掌握和巩固理论知识；学会常用仪表、仪器的正确使用方法，培养、提高分析和解决实际问题的能力；学会处理数据、分析结果、编写实训报告，培养严谨、实事求是的工作作风；养成遵守操作规程、爱护公共财物的优良品德。

本书编写特点：考虑课程的基础性和应用性，教材重点放在电工基础实训的基本知识和基本技能训练上；利用本专业仿真常用软件 Multisim 来进行仿真训练，在巩固本课程知识点的基础上，为后续课程学习培养仿真软件的基本应用能力；以应用为目的，以必需够用为度，精选内容，强调概念，突出能力的培养，并保证全书有一定深度；借鉴企业安全及操作规程的内容和体例，并融入职业资格能力培养要求。

本书主要内容包括实验实训基本要求、常用电气元器件的选用与测量、常用工具与仪表、电工基础实训、Multisim 电工基础与仪表仿真实训等。完成本课程教学需要 25 ~ 30 学时。本书以强化基础、突出能力培养、注重实用为原则，适合“任务驱动，教、学、做一体化”教学模式，可作为电气自动化技术、机电一体化技术和电子信息工程技术等专业的实训教材，也可供自学者和企业技术人员参考。

本书为校企合作编写教材，由山东水利职业学院主持编写工作，编写人员及编写分工如下：日照港集团有限公司黄鲁博编写项目一，山东水利职业学院申加亮编写项目二，日照港集团有限公司范伟编写项目三，山东水利职业学院王书平编写项目四，山东水利职业学院黄鲁新编写项目五和附录。本书由黄鲁新、王书平担任主编，并负责全书统稿；由申加亮、黄鲁博、范伟担任副主编；由山东水利职业学院王金平担任主审。

对于日照港消防监督科提供安全用电资料和第三装卸公司提供电工培训资料并参与教材编写，在此表示衷心的感谢！

由于时间紧迫和编者水平所限，书中难免存在一些问题，衷心希望读者批评指正。

编　者
2015 年 1 月

目 录

项目一　实验实训基本要求

【学习目标】

1. 了解本课程的主要性质和作用；
2. 熟悉实验实训操作的基本流程和注意事项；
3. 掌握实验实训报告的撰写；
4. 了解安全用电的基本知识。

任务一　课程性质和目的

“电工基础与仪表”是电气自动化技术专业的重要专业基础课程，它既是专业课程体系中高等数学等基础课的后续课程，又是后续模拟电子技术、数字电子技术、电机拖动、供配电技术等专业课程的基础，在整个人才培养方案和课程体系中起着承前启后的重要作用。

本书为“电工基础与仪表”实践性教学环节的内容，其目的是通过实际操作，把实验实训中的感性认识与基本理论知识有机地结合起来，进一步掌握和巩固理论知识；学会常用仪表、仪器的正确使用方法，培养、提高分析和解决实际问题的能力；学会处理实验数据、分析实验结果、编写实验实训报告，培养严谨、实事求是的科学作风；养成遵守操作规程、爱护公共财产的优良品德。

任务二　实训基本要求

为了做好每次实验实训、安全用电，达到预期的目标，简述完成实训的基本要求：

每次实验实训前，必须仔细阅读实验实训教材，复习有关的理论知识，明确本次实训的目的和任务，看懂实验电路，熟悉实验步骤和需要测试、记录的实验数据，了解所用实验仪器设备的技术性能与使用方法，牢记实训中应注意的问题。

实验实训前要进行分组，每一小组的同学应有明确的分工和计划，轮流担任接线、查线、操作和记录工作，保证实验的顺利进行。在实验实训过程中应注意以下步骤。

一、检查仪器仪表设备

首先检查本次实验所需的仪器仪表设备、部件是否齐全，仪表的类型和量限是否合适，仪表指针起始位置是否正确，指针摆动是否灵活等。同时记录仪器仪表设备的型号、规格及标号，以便在分析实验结果时，作为数据准确性和可靠性的依据。

二、连接线路

实验前，仪器仪表设备摆放和布局要合理，确保操作安全。断电状态时进行连线，按电路顺序相连。连线要可靠，线路要清楚有序，各分支、结点易辨别(可以利用导线的色彩特征等)。

三、检查线路

线路接好后，同学之间互查线路是否正确，除查电路连接外，还要查滑线变阻器活动触点位置是否合适，调压器手柄指针位置是否在零位，仪表量限和极性是否符合要求等。实验线路须经老师核查后再通电。

四、接通电源

通电前，首先通知全组成员做好准备，以免发生人身事故或设备损毁，有异常现象，及时断电。

五、读取和审查数据

正确读取仪表数据，并准确记录，判断其合理性。实验数据应由教师帮助审定，以便确定实验是否成功。

六、拆除线路

数据经审查合格并准备结束实验时，首先要切断电源，再拆除线路，整理仪器仪表设备，清理导线。经老师允许，方可离开实验室。

七、虚拟实验

在计算机房进行的虚拟实验实训，应遵守机房管理有关规定，并注意虚拟实训的具体任务和要求，及时完成电子作业文档并上传。

任务三　实验报告的撰写

实验结束后，必须认真及时地撰写实验报告。实验报告是实验结果的总结和反映。一个实验的价值，很大程度上取决于实验报告质量的高低。撰写实验报告的基本要求如下。

一、实事求是的科学态度

实验数据与实验结果是对电路进行分析研究的依据。因此，实验取得的资料，如数据、图形等应真实地反映到实验报告中，不允许更改、抄袭或主观臆断。如因操作错误使数据违背规律，应当重做实验，重新取得数据。

二、内容具体，符合要求，格式规范

实验报告应以实验目的和实验要求为中心内容。格式应符合规范，一般分为实验的目的和要求、实验仪器与设备、实验内容与步骤、实验结果记录、总结和分析等几部分。

三、不断积累、深入探索的钻研精神

实验过程是培养实验技能，提高动手能力，增加实践经验的过程。学生应善于总结实验中的经验与不足，整理记录在实验报告中，对以后做好实验提供帮助。

任务四　安全用电基本知识

一、触电伤害的形成

触电是人体意外接触电气设备或线路的带电部分而造成的人身伤害事故。人体触电时，通过人体的电流会导致人体的合理机能失常或破坏，如烧伤、肌肉抽搐、呼吸困难、心脏麻痹，甚至危及生命。

常见的人体触电形式是单相触电，如图 1-1 所示，即人站在地面上，身体触及电源的一根相线或漏电的电气设备所发生的触电事故。在三相四线制、中性点接地系统中，发生单相触电时，人体将承受 220 V 的电压，如果不能迅速脱离，就可能危及生命。即使是在中性点不接地系统中（通常是 10 kV 高压线路），发生单相触电，如导电的风筝线挂在高压线上，手摸坠落的高压线等，也会使人体构成交流通路，通过人体的瞬间电流将造成严重的电击伤。

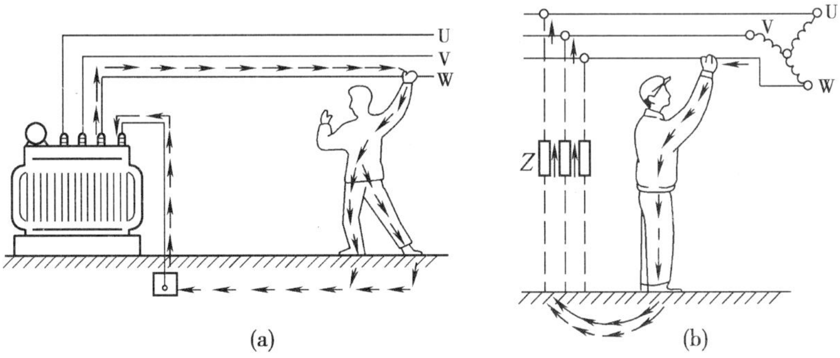

图 1-1　单相触电

如果人体有两处同时触及三相电源的两根相线，就形成两相触电，如图 1-2 所示，这时人体将承受线电压，危险性更为严重。两相触电多发生于电气工作人员操作过程中。

若高压架空电力线断落，以触地点为中心，构成电位分布区域，越接近中心，地面电位越高。电位分布区域一般在 15 ~ 20 m 的半径范围内。当人畜跨进这个区域，两脚之间出现的电位差称为跨步电压。在这种电压作用下，电流从接触高电位的脚流进，从接触低电位的脚流出，从而形成触电，如图 1-3 所示。此时人应该将双脚并在一起或用单脚着地跳

出危险区。

图1-2　两相触电

图1-3　跨步电压触电

电伤也是一种容易发生的人身伤害事故，它主要是由于强烈电弧产生的熔化、蒸发的金属微粒及高温烟雾对人体造成的伤害。例如：合刀开关送电时，迸发的电弧可能烧伤操作人员的手臂、面部和眼睛。

电流对人体伤害的严重程度与通过人体电流的大小、频率、持续时间、通过人体的路径及人体电阻的大小等多种因素有关。

（一）电流大小

通过人体的电流越大，人体的反应就越明显，感应就越强烈，引起心室颤动所需的时间就越短，对人致命的危害就越大。

对于工频交流电，按照通过人体电流的大小和人体所呈现的不同状态，大致分为下列三种：

（1）感觉电流：引起人的感觉的最小电流。实验表明，一般成年男性的平均感觉电流约为1.1 mA，成年女性约为0.7 mA。

（2）摆脱电流：人体触电后能自主摆脱电源的最大电流。实验表明，一般成年男性的平均摆脱电流约为16 mA，成年女性约为10 mA。

（3）致命电流：在较短的时间内危及生命的最小电流。实验表明，一般当通过人体的电流达到30~50 mA时，中枢神经就会受到伤害，使人感觉麻痹，呼吸困难。如果通过人体的工频电流超过100 mA，在极短的时间内人就会失去知觉而导致死亡。

（二）频率

一般认为40~60 Hz的交流电对人最危险。随着频率的增加，危险性将降低。高频电流不仅不伤害人体，还能治病。

（三）通电时间

通电时间越长，人体电阻因多方面的原因会降低，导致通过人体的电流增加，触电的危险性亦随之增加。

（四）电流路径

电流通过头部可使人昏迷，通过脊髓可能导致瘫痪，通过心脏会造成心跳停止及血液循环中断，通过呼吸系统会造成窒息。因此，从左手到胸部是最危险的电流路径，从手到手、从手到脚也是很危险的电流路径，从脚到脚是危险性较小的电流路径。

（五）人体电阻

人体电阻一般为 800 ~ 2 000 Ω。影响人体电阻的因素很多，除皮肤厚薄外，皮肤潮湿、多汗、有损伤、带有导电性粉尘等都会降低人体电阻。

（六）电压的影响

从安全的角度看，确定人体触电的安全条件通常不采用安全电流而是用安全电压，因为影响电流变化的因素很多，而电力系统的电压是较为恒定的。电压对人体的影响及允许接近的最小安全距离如表 1-1 所示。

表 1-1　电压对人体的影响及允许接近的最小安全距离

接触时的情况		可接近的距离	
电压(V)	对人体的影响	电压(kV)	设备不停电时的安全距离(m)
10	全身在水中时跨步电压界限为 10 V/m	10 及以下	0.7
		20 ~ 35	1.0
20	湿手的安全界限	44	1.2
30	干燥手的安全界限	60 ~ 110	1.5
50	对人的生命无危险的界限	154	2.0
100 ~ 200	危险性急剧增大	220	3.0
200 以上	对人的生命产生威胁	330	4.0
3 000	被带电体吸引	500	5.0
10 000 以上	有被弹开而脱险的可能		

二、设备安全

设备安全是指电气设备、工作设备及其他设备的安全。设备安全主要考虑下列因素。

（一）电气装置安装的要求

总开关、闸刀开关都不能倒装，如果倒装，就有可能自动合闸，使电路接通，这时如果有人在检修电路，则很不安全。

不能把开关、插座或接线盒等直接装在建筑物上，而应安装绝缘盒；否则，如果建筑物受潮，就会造成漏电事故。

（二）不同场所对使用电压的要求

不同场所，对电气设备或设施的安装、维护、使用以及检修等方面都有着不同的要求。按照触电的危险程度，可将它分为以下几类：

无高度触电危险的建筑物，例如住宅、公共场所、生活建筑物、实验室、仪表装配楼、纺织车间等。在这种场所中，各种易接触到的用电器、携带型电气工具的使用电压不超过 220 V。

有高度触电危险的建筑物，例如金工车间、锻工车间、电炉车间、泵房、变配电所、压缩机站等。在这种场所中，各种易接触到的用电器、携带型电气工具的使用电压不超过工频36 V。

有特别触电危险的建筑物，例如铸工车间、锅炉房、染化料车间、化工车间、电镀车间等。在这种场所中，各种易接触到的用电器、携带型电气工具的使用电压不超过工频12 V。在矿井和浴池之类的场所，在检修设备时，常使用专用的工频12 V或24 V工作手灯。

我国的安全电压值规定是工频36 V、24 V和12 V三种。

三、电气防火与防爆

各种电气设备的绝缘物质大多属于易燃物质。运行中导体通过电流要发热，开关切断电流时会产生电弧，短路、接地或设备损坏等也可能产生电弧及电火花，这都可能将周围易燃物引燃，造成火灾或爆炸。

（一）电气设备造成火灾和爆炸的主要原因

电气设备选型与安装不当，如在有爆炸危险的场所选用非防爆电机、电器，在存有汽油的室中安装普通照明灯，在有火灾与爆炸危险的场所使用明火，在可能发生火灾的设备或场所中用汽油擦洗设备等，都会引起火灾。

设备故障引发火灾，如设备的绝缘老化、磨损等造成电气设备短路；设备过负荷，电流过大引发火灾，如电气设备规格选择过小，容量小于负荷的实际容量，导线截面面积选得过小，负荷突然增大，乱拉电线等。

（二）电气火灾的灭火

当发生电气火灾时，首先要尽快切断电源，防止火情蔓延和灭火时发生触电危险。还要尽快使用通信工具报警，所有工作人员平时要学习、掌握简单的灭火常识。

灭火人员不可使身体及手持的灭火器碰到带电的导线或电气设备，否则有触电危险。

四、触电急救方法

（一）解脱电源

人在触电后可能由于失去知觉或超过人的摆脱电流而不能自己脱离电源。此时抢救者不要惊慌，要在保护自己不触电的情况下使触电者脱离电源，方法如图1-4所示。

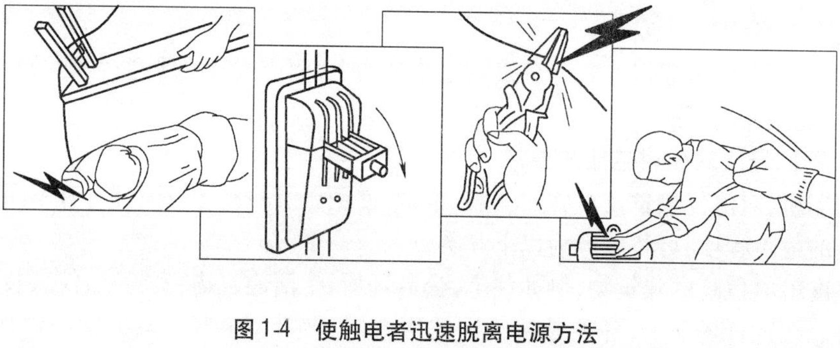

图1-4　使触电者迅速脱离电源方法

(二)触电的急救方法

人生命的维持,主要靠心脏跳动而产生血液循环和通过呼吸而形成的氧气与废气的交换。如果触电者受伤害较严重,失去知觉,停止呼吸,但心脏微有跳动,应采用口对口的人工呼吸法。

若触电者受伤害得相当严重,心脏和呼吸都已停止,完全失去知觉,则需同时采用口对口人工呼吸和人工胸外挤压两种方法。如果现场仅有一个人抢救,可交替使用这两种方法,先胸外挤压心脏 4 ~6 次,然后口对口呼吸 2 ~3 次,再挤压心脏,反复循环进行操作。

进行触电急救的同时要呼救,请医护人员救治。施行人工呼吸和心脏挤压必须坚持不懈,直到触电者苏醒或医护人员前来救治。只有医生才有权宣布触电者真正死亡。

五、触电的预防

加强安全教育,普及安全用电常识。实践表明,大量的触电事故是由于人们缺乏用电基本常识造成的,有的是出于对电力的特点及其危险性的无知;有的是疏忽麻痹,放松警惕;还有的则是似懂非懂,擅自违章用电等。因此,学习安全用电的基本常识是十分重要的。预防触电还应采取合理的安全防护技术措施。根据人体触电情况的不同,可将触电防护分为直接触电防护和间接触电防护。

(一)直接触电防护

直接触电防护,是指防止人体直接接触电气设施带电部分的防护措施。直接触电防护的方法是将电气设备的带电部分进行绝缘隔离、空间隔离,防止人员触及或使人员避开带电部位。例如,某些电器配备的绝缘罩壳、箱盖等防护结构,室内外配电装置带电体周围设置的隔离栅栏、保护网等屏护装置,在可能发生误入、误触、误动的电气设施或场所装设的安全标志、警示牌,等等。

(二)间接触电防护

电气设备正常情况下金属外壳、框架等不带电,但当设备漏电时,触及电气设备金属外壳、框架等可能发生触电危险。间接触电防护的基本措施是对电气设备采取保护接地或保护接零,以减小故障部位的对地电压,并通过电路的保护装置迅速切断电源。对在潮湿场所使用的电器、手持移动电器或人体经常接触的电气设备,可以考虑采用安全电压(一般指 36 V 以下的电压)。

(三)漏电保护器及其应用

漏电保护器又称漏电断路器、触电保护器,它是一种低压触电自动保护电器。其基本功能是在电气设备发生漏电或当有人触电、在尚未造成身体伤害之前,即发出信号,并由低压断路器具迅速切断电源。漏电保护器在城乡居民住宅、学校、宾馆等场所得到了广泛应用,对保障人身安全发挥了重要作用。

六、实验实训过程中的安全用电

(1)实验过程中,必须严格遵守安全用电制度和操作规程,防止触电事故的发生。

(2)实验时必须了解电源的配置情况,导线、闸刀、开关等仪器的位置及连接过程。

(3)在实验时应胆大心细,不可粗心大意,否则易造成短路事故或人为触电事故。

(4)实验时同组人员必须配合默契,统一行动,不可各行其是,造成触电事故。

(5)电源设备、供电系统要有安全保护装置。

(6)进行安全用电教育,危险场所设有醒目的安全标志及保护措施。

(7)实验开始接线时,应先把实验设备、仪表导线连接好,然后接电源,不允许带电操作。

(8)万一遇到触电事故,首先迅速切断电源,使带电者脱离电源,再根据触电状况进行处理。

【分析与思考】

(1)观察实验实训室中关于用电安全所采取的措施,并进行小组讨论与分析。

(2)结合已有的专业知识,若由你向周围的人进行家庭用电的安全教育,你会从哪几个方面组织安全教育内容?

项目二 常用电气元器件的选用与测量

【学习目标】

1. 掌握电工技术中常用元件及特性；
2. 熟悉元件的选用。

任务一 电阻元件的基本知识

一、电阻器

电阻在电路中常用来进行电压、电流的控制和传送，在电路中起到分压、分流、限流、阻抗匹配等作用。

(一) 电阻器的分类

按材料分，主要有碳质电阻器、碳膜电阻器、金属膜电阻器、线绕电阻器等。

按结构分，主要有固定电阻器和可变电阻器。

按用途分，有精密电阻器、高频电阻器、高压电阻器、大功率电阻器、热敏电阻器和限流电阻器。

其中碳膜电阻器在电路中使用较多。

(二) 电阻器的符号

国家标准规定电阻器图形及符号如图 2-1 所示。

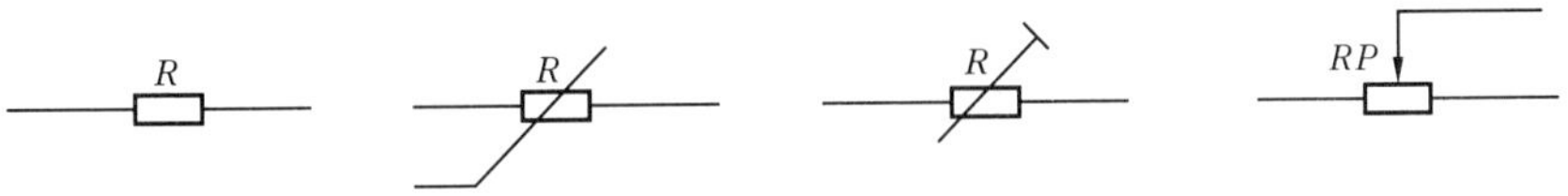

(a) (b) (c) (d)

图 2-1 电阻器图形及符号

(三) 电阻器的参数

电阻器的参数主要包括标称阻值、额定功率、精度、最高工作温度、最高工作电压、噪声参数及高频特性等。在挑选电阻器的时候主要考虑其阻值、额定功率及精度。至于其他参数，如最高工作温度、高频特性等只在特定的电气条件下才予以考虑。

电阻器表面标出的电阻阻值称为标称阻值。电阻器的实际阻值对于标称阻值的允许最大误差范围称为允许误差。标称值按误差等级分类，国家规定有 E24、E12、E6 系列，电阻器的标称阻值及允许误差如表 2-1 所示。

表 2-1　普通电阻器标称阻值系列

阻值系列	最大误差	偏差等级	标称值(Ω)
E24	±5%	Ⅰ	1.0,1.1,1.2,1.3,1.5,1.6,1.8,2.0,2.2,2.4,2.7,3.0,3.3,3.6,3.9,4.3,4.7,5.1,5.6,6.2,6.8,7.5,8.2,9.1
E12	±10%	Ⅱ	1.0,1.2,1.5,1.8,2.2,2.4,2.7,3.3,3.6,3.9,4.7,5.6,6.8,8.2
E6	±20%	Ⅲ	1.0,1.5,2.2,3.3,3.9,4.7,5.6,6.8,8.2

电阻器在有电流流过时会发热,如果温度过高就会被烧毁。在环境温度下电阻器长期稳定工作所能承受的最大功率称为额定功率。不同类型电阻器的额定功率如表 2-2 所示。

表 2-2　电阻器额定功率系列

线绕电阻器额定功率(W)系列	非线绕电阻器额定功率(W)系列
0.05,0.125,0.25,1,2,4,8,12,16,25,40,75,100,250,500	0.05,0.125,0.5,1,2,5,10,25,50,100

(四)电阻器阻值标注方法

国家标准规定电阻器阻值标注方法有三种:直接标注法、文字符号标注法和色环标注法。

直接标注法是指在电阻器表面用数字、单位符号和百分数直接标出电阻器的阻值和允许误差。符号规定如下:

$$1\ \text{M}\Omega = 10^6\ \Omega, 1\ \text{k}\Omega = 10^3\ \Omega$$

表示方法如图 2-2 所示。

文字符号标注法是用数字、单位符号按一定的规律组合表示电阻器的阻值,如图 2-3 所示。遇有小数时,常以 Ω、k、M 取代小数点,如 5Ω1 表示 5.1 Ω,4k3 表示 4.3 kΩ,9M1 表示 9.1 MΩ。

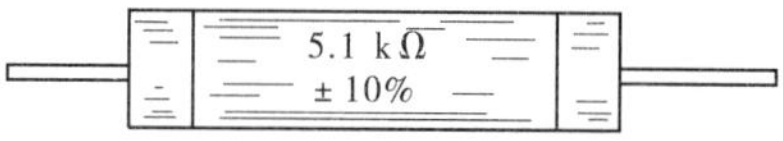

图 2-2　电阻器阻值直接标注法

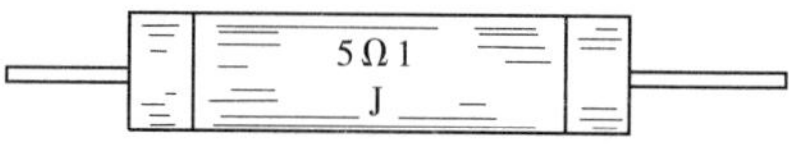

图 2-3　电阻器阻值文字符号标注法

电阻器的允许误差用字母表示:J 为 ±5%,K 为 ±10%,M 为 ±20% 等。

2 W 以下的小功率电阻器,电阻材料通常不标出。对于普通碳膜和金属膜电阻器,通过外表颜色可以判定。通常碳膜电阻器涂绿色或棕色,金属膜电阻器涂红色或棕色。2 W 以上功率的电阻器大部分在电阻体上以符号标出,符号含义如表 2-3 所示。

表 2-3　电阻材料及代表符号

符号	T	J	X	H	Y	C	S	I	N
材料	碳膜	金属膜	线绕	合成膜	氧化膜	沉积膜	有机实芯	玻璃釉膜	无机实芯

小功率电阻器较多情况使用色环标注法。色环标注法使用颜色环表示电阻器的阻值和允许误差,用不同的颜色代表不同的数值。色环标注的电阻器,颜色醒目、标志清晰、不易褪色,从每个方向都能看清电阻器的阻值和允许误差,给安装、调试和维修带来极大方便,已被广泛采用。普通电阻器采用四色环表示法,精密电阻器采用五色环表示法,如图2-4和图2-5所示。

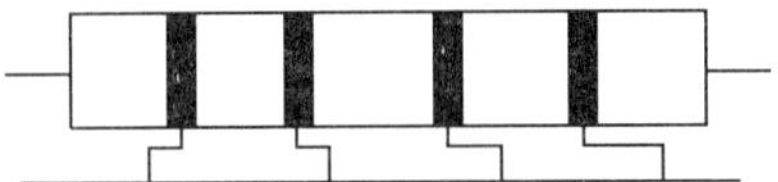

颜色	第一色环 第一位数	第二色环 第二位数	第三色环 倍率	第四色环 误差
黑	0	0	10^0	
棕	1	1	10^1	
红	2	2	10^2	
橙	3	3	10^3	
黄	4	4	10^4	
绿	5	5	10^5	
蓝	6	6	10^6	
紫	7	7	10^7	
灰	8	8	10^8	
白	9	9	10^9	
金			10^{-1}	±5%
银			10^{-2}	±10%

图2-4　普通电阻器色环标注法

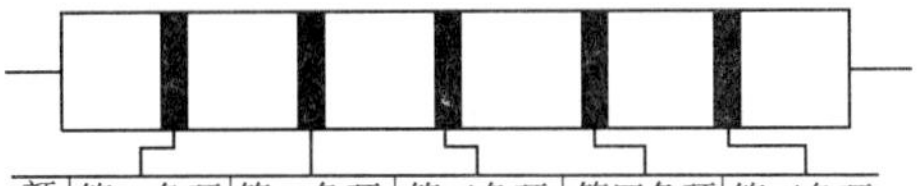

颜色	第一色环 第一位数	第二色环 第二位数	第三色环 第三位数	第四色环 倍率	第五色环 误差
黑	0	0	0	10^0	
棕	1	1	1	10^1	±1%
红	2	2	2	10^2	±2%
橙	3	3	3	10^3	
黄	4	4	4	10^4	
绿	5	5	5	10^5	±0.5%
蓝	6	6	6	10^6	±0.2%
紫	7	7	7	10^7	±0.1%
灰	8	8	8	10^8	
白	9	9	9	10^9	
金				10^{-1}	±5%
银				10^{-2}	±10%

图2-5　精密电阻器色环标注法

(五)常用电阻器介绍

碳质电阻器由碳粉、填充剂等压制而成,价格便宜但性能较差,现在已不常用。

线绕电阻器由电阻率较大、性能稳定的锰铜、康铜等合金线涂上绝缘层,在绝缘棒上绕制而成。具有很好的线性关系,精度高,稳定性好,但具有较大的分布电容,较多用在需要高精度电阻器的仪器仪表中。

碳膜电阻器是由结晶碳沉积在磁棒或瓷管骨架上制成的,稳定性好、高频特性较好并能工作在较高的温度下。

与碳膜电阻器相比,金属膜电阻器只是用合金粉替代了结晶碳,除具有碳膜电阻器的特性外,能耐更高的工作温度。其涂层多为红色。

热敏电阻器的电阻值随着温度的变化而变化,一般用作温度补偿和限流保护等。从特性上可分为两类:正温度系数电阻器和负温度系数电阻器。正温度系数电阻器的电阻值随温度升高而增大,负温度系数电阻器则相反。

热敏电阻器在结构上分为直热式和旁热式两种。直热式是利用电阻体本身通过的电流产生热量,使其电阻值发生变化;旁热式热敏电阻器由两个电阻体组成,一个为热源电阻体,另一个为热敏电阻体。

该类电阻器目前常用在高集成度的电路板上,它体积很小,分布电感、分布电容都很小,适合在高频电路中使用。一般用自动安装机安装,对电路板的设计精度有很高的要求,是新一代电路板设计的首选组件。

二、电位器

电位器实际上是一种可变电阻器,它是一种电阻值连续可调的电子元件。电位器通常由两个固定输出端和一个滑动抽头组成。

(一)电位器的种类

电位器的种类、形式很多,常见的有旋转式、推拉式、直滑式、带开关式和多圈式。按结构,电位器可分为单圈、多圈,单联、双联,带开关,锁紧和非锁紧电位器。电阻值与滑动角度一般不具有线性关系。

(二)电位器的符号

常用电位器的外形和符号如图2-6所示。表2-4为电位器使用材料与标志符号。

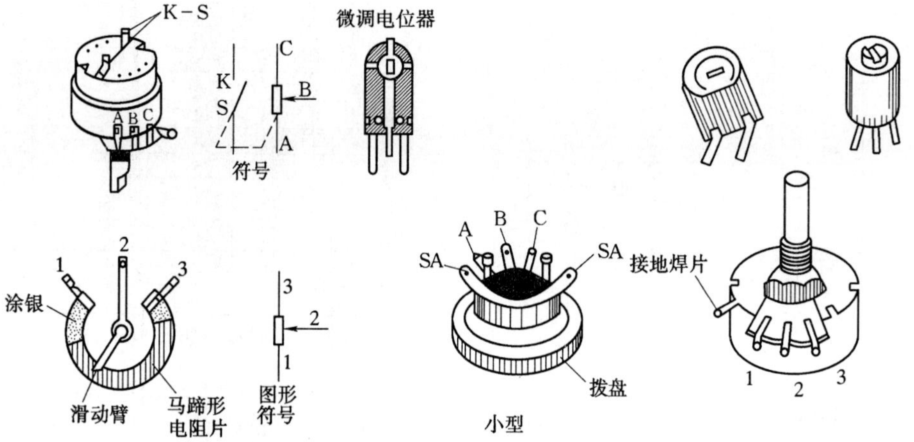

图2-6 常用电位器的外形和符号

表2-4 电位器使用材料与标志符号

类别	碳膜电位器	合成碳膜电位器	线绕电位器	有机实芯电位器	玻璃釉电位器
标志符号	WT	WTH	WX	WS	WI

任务二 电容元件的基本知识

一、电容器

电容器在电路中通常用于隔直流、级间耦合及滤波等,在调谐电路中和电感一起构成谐振回路。在电子设备中,电容器是不可缺少的元件。

(一)电容器的分类

电容器的种类很多,其分类如下:

按结构分,有固定电容器、微调电容器、可变电容器。

按介质材料分,有气体介质电容器、液体介质电容器、无机固质电容器、电解电容器。

按阳极材料分,有铝、钽、铌、钛电解电容器等。

按极性分,有有极性、无极性电容器。

(二)电容器的符号

电容器就是用来存储电荷的容器。比较简单的模型是两个金属板中间夹上一层绝缘材料,这层绝缘材料也可以是空气。电容器的形状很多,如图 2-7 所示为常用电容器的形状及符号表示方法。

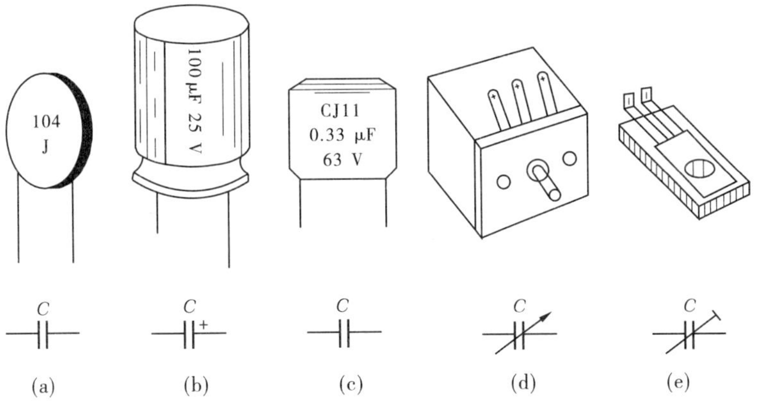

图 2-7　电容器的形状及图形符号

(三)电容器的参数

电容器的主要参数有电容器的标称容量、允许误差和耐压等。

电容器长期连续可靠工作时,两电极间最高承受的电压称为电容器的额定工作电压,简称电容的耐压。固定电容器的直流额定工作电压等级为:6.3 V,10 V,16 V,25 V,32 V,50 V,63 V,100 V,160 V,250 V,400 V 等。

电容量是指电容器储存电荷的能力。常用单位:法(F)、微法(μF)、皮法(pF),转换关系为:$1\ F=10^{-6}\mu F=10^{-12}pF$。

标注在电容器外壳上的电容量称为标称容量。国家规定了一系列容量值作为产品标称。固定电容器的标称容量系列如表 2-5 所示。

表 2-5　固定电容器标称容量系列

系列代号	最大误差	偏差等级	标称值
E24	±5%	Ⅰ	1.0,1.1,1.2,1.3,1.5,1.6,1.8,2.0,2.2,2.4,2.7,3.0,3.3,3.9,4.3,4.7,5.1,5.6,6.2,6.8,7.5,8.2,9.1
E12	±10%	Ⅱ	1.0,1.2,1.5,1.8,2.2,2.7,3.3,3.9,4.7,5.6,6.8,8.2
E6	±20%	Ⅲ	1.0,1.5,2.2,3.3,4.7,6.8

(四)电容器容量的标注方法

电容器的电容量常按下列规则标印在电容器上。

小于 10 000 pF 的电容器,一般只标注数值而省去单位,如 330 表示 330 pF。10 000 ~ 1 000 000 pF的电容器,以 μF 为单位,以小数点为标志,也只标注数值而省去单位,如 0.1 表示 0.1 μF,0.022 表示 0.022 μF;电解电容器以 μF 为单位直接标印在电容器上,如 100

μF/16 V，表示标称容量为 100 μF，耐压为 16 V。

用三位数码表示容量大小，前两位数字是电容量的有效数字，第三位是零的个数，单位为 pF，如 103 表示 $10\times10^3=10\ 000$ pF，224 表示 $22\times10^4=220\ 000$ pF $=0.22$ μF。如果第三位是 9，则乘以 10^{-1}，如 339 表示 $33\times10^{-1}=3.3$ pF。

电容器的色标法与电阻器色标法大致相同。

二、常用电容器

电解电容器是目前用得较多的大容量电容器，它体积小、耐压高，因其有正负极之分，故只能工作在直流状态下，如果极性用反，将使漏电流剧增，在此情况下电容器将会急剧变热而损坏，甚至会引起爆炸。一般厂家会在电容器的表面上标出正极或负极，新买来的电解电容器，电极引脚长的一端为正极，接电路中的高电位。

目前铝电容器用得较多，钽、铌、钛电容器相比之下漏电流小，体积小，但成本高，通常用在性能要求较高的电路中。

电解电容器常用在电源滤波、去耦、耦合、旁路等电路中。

用云母片做介质的电容器，高频性能稳定，耐压低，体积大。

采用高介电常数、低损耗的陶瓷材料作介质，电容器的体积小、损耗小、绝缘电阻大、漏电流小、性能稳定，可工作在超高频段，但耐压低，机械强度较差。

瓷介质固定电容器常用在振荡、高频等电路中。

玻璃釉电容器具有瓷介质电容器的优点，但比同容量的瓷介质电容器体积小，工作频带较宽，可在 125 ℃下工作。

纸介质电容器的电极用铝箔、锡箔做成，绝缘介质是浸醋的纸，锡箔或铝箔与纸相叠后卷成圆柱体，外包防潮物质。体积小、容量大，但性能不稳定，高频性能差。

聚苯乙烯电容器是一种有机薄膜电容器。以聚苯乙烯为介质，用铝箔或直接在聚苯乙烯薄膜上蒸上一层金属膜为电极。绝缘电阻大、耐压高、漏电流小、精度高，但耐热性差，焊接时，过热会损坏电容器。

目前，片状电容器广泛用在混合集成电路、电子手表电路和计算机中。有片状陶瓷电容器、片状钽电容器、片状陶瓷微调电容器等。其体积小、容量大。

独石电容器是以钛酸钡为主的陶瓷材料烧结而成的一种瓷介质电容器，体积小、耐高温、绝缘性能好、成本低，多用在小型和超小型电子设备中。

可变电容器常用在经常改变电容量的场合，如收音机的调谐、电子仪器的调频等。

可变电容器种类很多，按结构可分为单连（一组定片、一组动片）、双连（两组定片、两组动片）、三连、四连等；按介质可分为空气介质、薄膜介质电容器等。其中空气介质电容器使用寿命长，但体积大。一般单连用于直放式收音机的调谐电路，双连用于超外差式收音机。薄膜介质电容器在动片和定片之间以云母或塑料片做介质，其体积小，重量轻。如图 2-8所示为空气单连、双连可变电容器及其符号。

微调电容器，主要用在电容量需要作微调谐，调好后一般不需再变动的场合，作为补偿和校正，如振荡器等。调节范围为几十皮法。

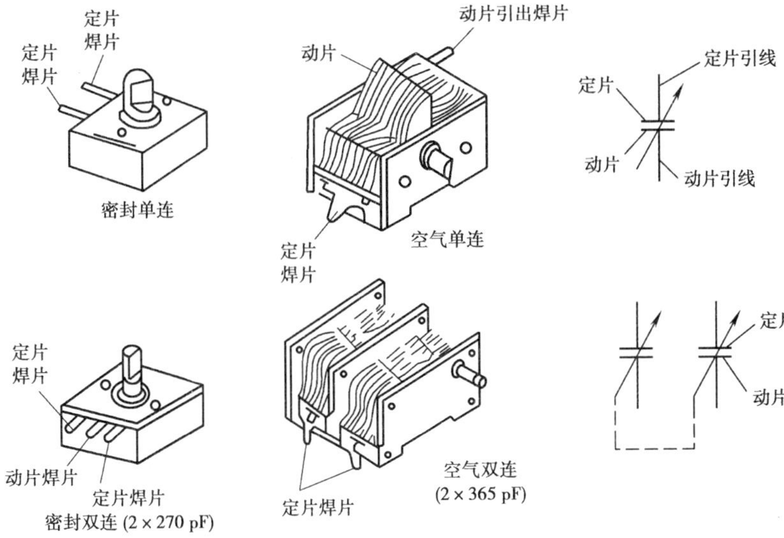

图 2-8 空气单连、双连可变电容器及其符号

常用的微调电容器有有机薄膜介质微调电容器、瓷介质微调电容器、拉线微调电容器和云母微调电容器等。图 2-9 为几种微调电容器的外形及其符号。

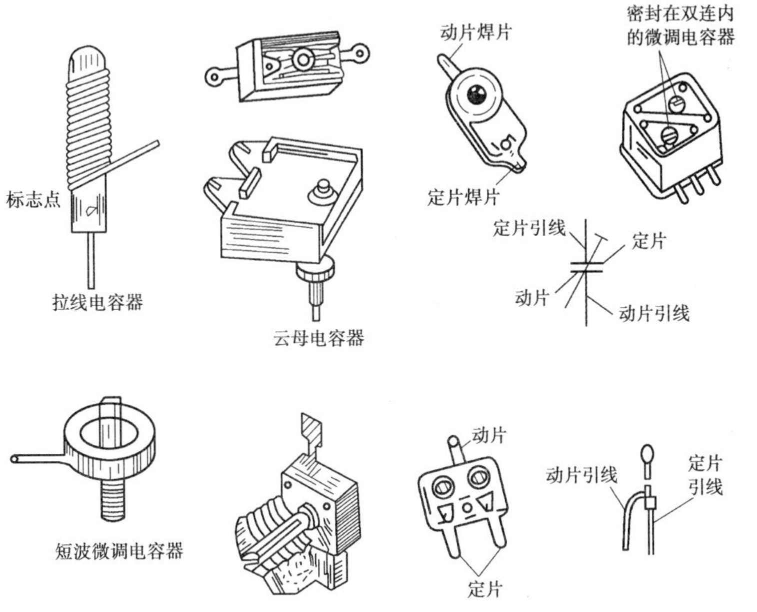

图 2-9 各种微调电容器的外形及其符号

任务三　电感器

电感器即电感线圈，是用导线一圈靠一圈彼此绝缘地绕在空心绝缘管或磁芯上的一种常见电子元件。电感器有存储磁能的作用，在电路中表现为阻碍电流的变化。常用在滤波、振荡、调谐、扼流等电子电路中。

一、电感器的分类

电感器按形式可分为固定电感器、可变电感器和微调电感器。

按磁体的性质可分为空芯线圈、磁芯线圈。

按结构分为单层线圈、多层线圈。

二、电感器的符号

电感器多用漆包线、纱包线绕在铁芯、磁芯上构成，圈与圈之间相互绝缘。电路中用 L 表示。图 2-10 为几种电感器的符号。

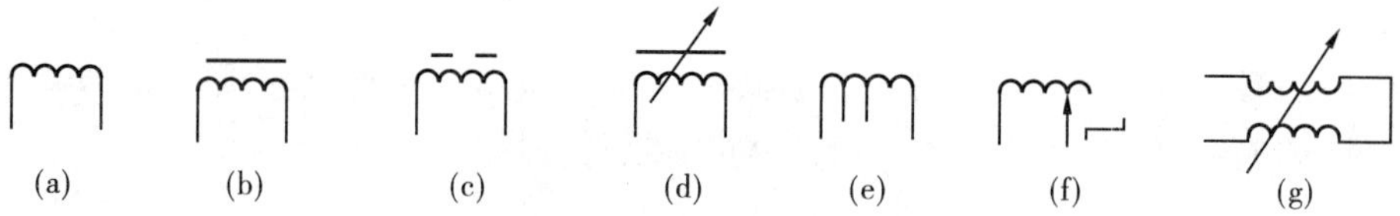

图 2-10　几种电感器的符号

三、电感器的主要参数

品质因数是电感器的主要参数。在高频电路中，电感器的品质因数 Q 是一个重要的物理参数，电感器的损耗小，则 Q 值就高，反之 Q 值低。

由于绝缘的线圈相当于电容器的两极，则电感器上就会分布有许多的小电容，称为分布电容。分布电容的存在是导致品质因数下降的主要因素，所以一般通过各种方法来减小分布电容。

对高频电感器和大功率调谐电感器而言，要求正常工作时通过电感器的电流小于其额定电流。

四、电感量的标注方法

电感量参数一般都直接标注在电感器上，在中、高频电路中的电感器，均是特制的，它们的参数以某种型号所代替，如电视机高频调谐器中的电感器。

五、常用电感器介绍

固定电感器一般是将绝缘铜线绕在磁芯上，外层包上环氧树脂或塑料。固定电感器体积小、重量轻、结构牢固，广泛应用在电视机、收录机中。有立式和卧式两种。工作频率在 10 kHz ~ 200 MHz。

可变电感器通过改变插入电感线圈的磁芯的位置来改变电感量。磁棒式天线线圈是可变电感线圈，在收音机中与可变电容器组成调谐回路，用于接收无线电波信号。

微调电感器用于小范围地改变电感量，调整局部电路的参数。

阻流圈也称为扼流圈，分为高频扼流圈和低频扼流圈两种。高频扼流圈用来阻止高频分量的通过；低频扼流圈又称为滤波线圈，它可与电容器组成滤波电路。

【分析与思考】

(1) 三种基本电气元件在电路中各起到什么作用？有什么区别？

(2) 电阻、电容、电感的基本参数如何进行测量？

项目三 常用工具与仪表

【学习目标】

1. 熟悉电工常用工具；
2. 掌握常用电工工具的使用方法；
3. 熟悉常用电工测量仪表；
4. 掌握常用电工测量仪表的使用方法。

任务一 常用电工工具及使用

电工在安装和维修各种供配电线路、电气设备及线路时，都离不开正确使用各种电工工具，如螺丝刀、钢丝钳、试电笔等。常用工具种类繁多，用途广泛，按其使用范围可分为两大类：通用电工工具与专用电工工具，下面进行介绍。

一、螺丝刀

螺丝刀是一种紧固或拆卸螺钉的工具。

（一）螺丝刀的种类与规格

螺丝刀的式样和规格很多，按头部形状不同可分为一字形和十字形两种。

一字形螺丝刀常用的规格有 50、100、150 mm 和 200 mm 等，电工必备的是 50 mm 和 150 mm 两种。十字形螺丝刀专供紧固或拆卸十字槽的螺钉，常用的规格有 4 个：Ⅰ号适用于螺钉直径为 2 ~ 2.5 mm，Ⅱ号为 3 ~ 5 mm，Ⅲ号为 6 ~ 8 mm，Ⅳ号为 10 ~ 12 mm。

按握柄材料不同，螺丝刀又可分为木柄和塑料柄两种。

（二）螺丝刀的正确使用方法

电工不可使用金属杆直通柄顶的螺丝刀，否则使用时很容易造成触电事故。

使用螺丝刀紧固或拆卸带电的螺钉时，手不得触及螺丝刀的金属杆，以免发生触电事故。

为了避免螺丝刀的金属杆触及皮肤或触及临近带电体，应在金属杆上串套绝缘管。螺丝刀的正确使用方法如图 3-1 所示。

二、钢丝钳

（一）钢丝钳的种类与规格

钢丝钳分为铁柄和绝缘柄两种，绝缘柄为电工用钢丝钳，常用的规格有 150、175 mm 和 200 mm 三种。

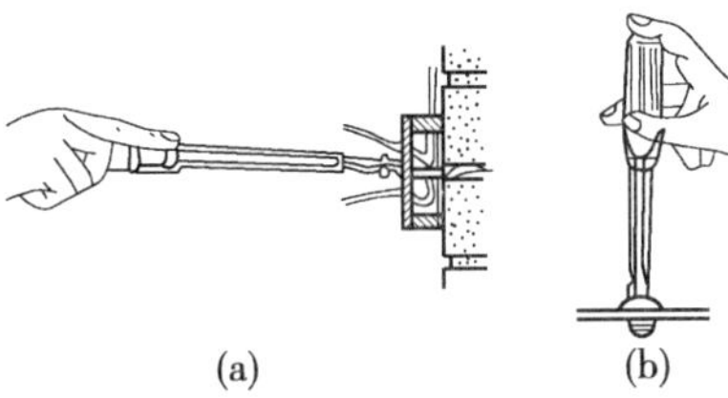

图 3-1 螺丝刀的使用方法

(二)钢丝钳的构造与正确使用

电工钢丝钳由钳头和钳柄两部分组成,钳头由钳口、齿口、刀口和铡口四部分组成。钢丝钳的用途很多,钳口用来弯绞或钳夹导线线头,齿口用来紧固或起松螺母,刀口用来剪切导线或剥削导线绝缘层,铡口用来铡切电线线芯、钢丝或铅丝等较硬金属。

使用电工钢丝钳前,必须检查绝缘柄的绝缘是否完好。绝缘如果损坏,进行带电作业时会发生触电事故。

用电工钢丝钳剪切带电导线时,不得用刀口同时剪切相线和中性线,以免发生短路。

钢丝钳的正确使用姿势见图 3-2。

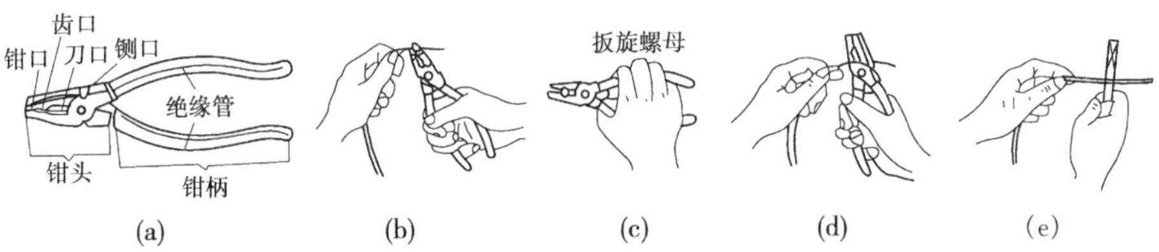

图 3-2 钢丝钳的正确使用姿势

三、尖嘴钳、断线钳和剥线钳

(一)尖嘴钳

尖嘴钳的头部尖细,适用于在狭小的工作空间操作。尖嘴钳也有铁柄和绝缘柄两种,绝缘柄的耐压为 500 V,其外形如图 3-3(a)所示。

尖嘴钳的用途:带有刃口的尖嘴钳能剪断细小金属丝;尖嘴钳能夹持较小螺钉、垫圈、导线等元件。

(二)断线钳

断线钳又称为斜口钳,钳柄有铁柄、柄管和绝缘柄三种形式,其中电工用的绝缘柄断线钳的外形如图 3-3(b)所示。

断线钳专供剪断较粗的金属丝、线材及电线电缆等用。

(三)剥线钳

剥线钳是用于剥削小直径导线绝缘层的专用工具,其外形如图 3-4 所示。它的手柄是绝缘的,耐压为 500 V。

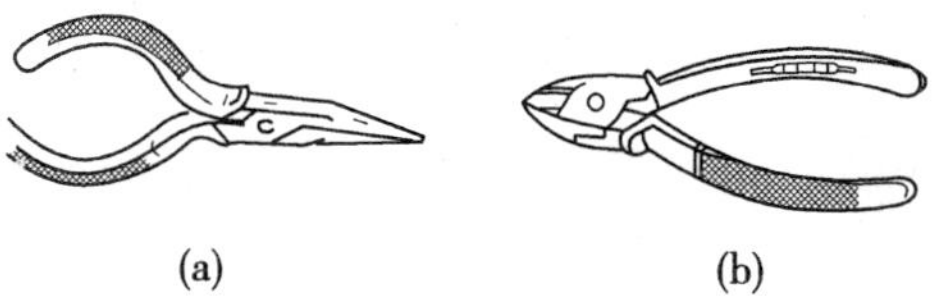

图 3-3　尖嘴钳和断线钳的外形图

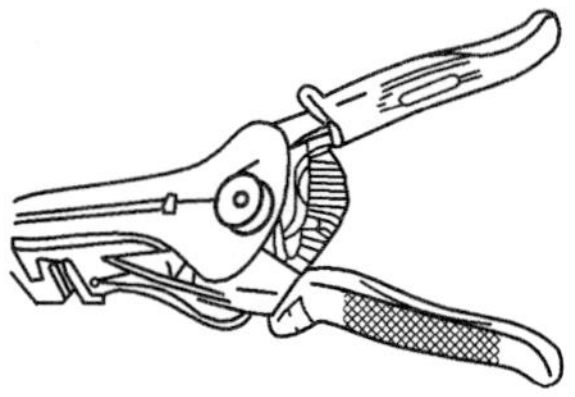

图 3-4　剥线钳

使用剥线钳时，将要剥削的绝缘长度用标尺定好以后，即可把导线放入相应的刃口中（比导线直径稍大），用手将钳柄握紧，绝缘层被割破且自动弹出。

四、电工刀

电工刀是用来剥削电线线头、切割木台缺口、削制木榫的专用工具。电工刀的外形如图 3-5(a)所示。

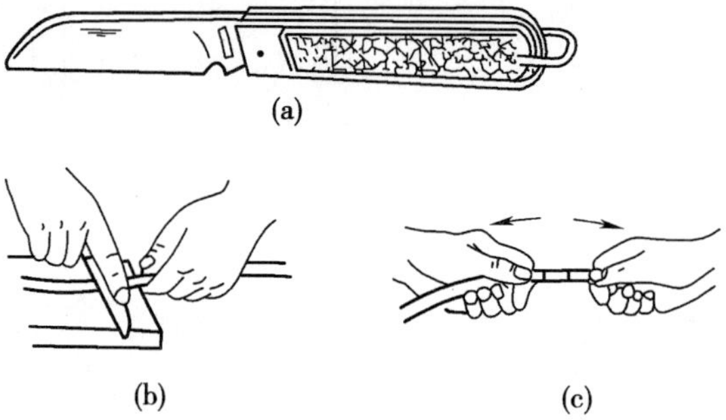

图 3-5　电工刀

电工刀使用时，应将刀口朝外剥削。剥削导线绝缘层时，应使刀面与导线成较小的锐角，以免割伤导线。

安全使用电工刀应注意以下几点：

(1)电工刀使用时应注意避免伤手。

(2)电工刀用毕，随即将刀身折进刀柄。

(3)电工刀刀柄是无绝缘保护的，不能在带电导线或器材上剥削，以免触电。

五、试电笔

试电笔是电工常用的一种辅助安全工具，用于检查 500 V 以下导体或各种用电设备外壳是否带电。试电笔外形是钢笔式结构，前端有金属探头，后端有金属挂钩。试电笔内部有发光氖泡、降压电阻及弹簧。试电笔的外形结构如图 3-6 所示。试电笔在使用时，必须用正确的方法握好，用手指触及笔尾的金属端，使氖泡小窗背光朝向自己，如图 3-7 所示。

试电笔的作用原理是，当手拿着它测量带电体时，带电体经试电笔、人体到大地形成回路（穿了绝缘鞋或在绝缘物上，也认为是形成了回路，因为绝缘物的漏电足以使氖泡起辉）。只要带电体和大地之间存在的电位差超过一定数值就出辉光，低于这个数值就不发光。它还可以区别相线和中性线，相线发光，中性线一般不发光。

(a)　　(b)

图 3-6　试电笔的外形结构

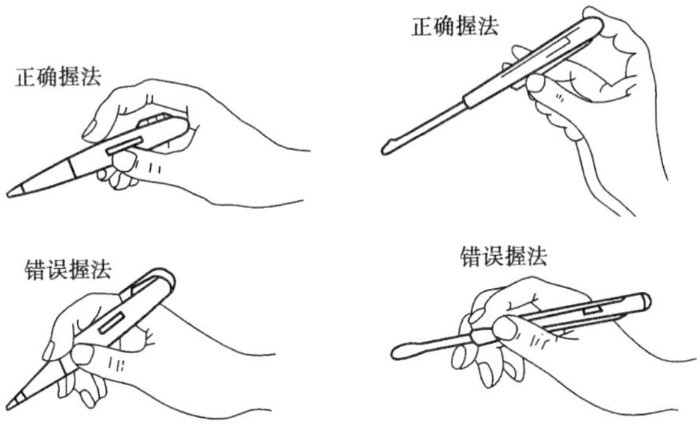

(a)　　(b)

图 3-7　试电笔的握法

测量前试电笔应先在确认的带电体上试验，以证明试电笔是否良好，以防因氖泡损坏而得出错误的判断。

使用试电笔时一般应穿绝缘鞋。

在明亮光线下测试时，往往不易看清氖泡的辉光，此时应注意避光仔细测试。

有些设备特别是测试仪表，工作时外壳往往因感应带电，用试电笔测试有电，但不一定会造成触电危险。这种情况下，必须用其他方法验电。

对于 36 V 以下安全电压带电体，试电笔往往无效。

任务二　常用电工仪表及使用

一、电压表

电压表在使用时应并联在被测电路两端，用来测量被测电路的电压值。按所测电压的性质分为直流电压表、交流电压表和交直两用电压表。就其测量范围又有毫伏表、伏特表之分。按动作原理分为磁电式、电磁式和电动式等。

（一）电压表的选择

电压表的选择主要从测量对象、测量范围、要求精度和仪表价格等几方面考虑。测量精度要求不高，一般多用电磁式电压表。而对测量精度和灵敏度要求高的，多采用磁电式多量程电压表，其中普遍使用的是万用表的电压挡。

（二）使用方法及注意事项

（1）一定要使电压表与被测电路的两端相并联。

（2）电压表量程要大于被测电路的电压，以免损坏电压表。

（3）使用磁电式电压表测量直流电压时，要注意电压表接线端上的“＋”“－”极性标记。

（4）电压表具有内阻，内阻越大，测量的结果越接近实际值。为了提高测量的准确度，应尽量采用内阻较大的电压表。

（5）测量高电压时要使用电压互感器。如图 3-8 所示，电压互感器的初级线圈并接在被测电路上，次级线圈额定电压为 100 V，与量程为 100 V 的电压表相接。电压表指示值乘以电压互感器的变压比，为所测实际电压的数值。电压互感器在运行中要严防次级线圈发生短路，通常在次级线圈中设置熔断器作为保护。

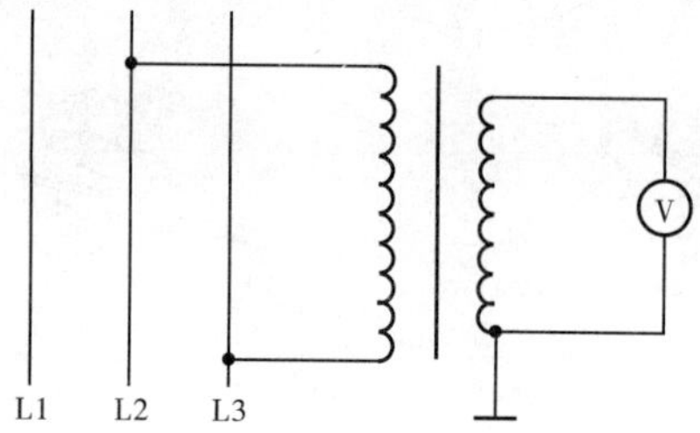

图 3-8　电压互感器测量接线图

二、电流表

电流表串接在被测量的电路中，用来测量支路电流值。按所测电流性质可分为直流电流表、交流电流表和交直两用电流表。就其测量范围又有微安表、毫安表和安培表之分。按动作原理分为磁电式、电磁式和电动式等。

（一）电流表的选择

测量直流电流时，较为普遍的是选用磁电式仪表，也可使用电磁式或电动式仪表。测量交流电流时，较多使用的是电磁式仪表，也可使用电动式仪表。对测量准确度要求高、灵敏度高的场合，应采用磁电式仪表；对测量精度要求不严格、被测量较大的场合，常选择价格低、过载能力强的电磁式仪表。

电流表的量程选择应根据被测电流大小来决定，应使被测电流值处于电流表的量程之内。在不明确被测电流大小的情况下，应先使用较大量程的电流表试测，以免因过载而损坏仪表。

（二）使用方法及注意事项

（1）一定要将电流表串接在被测电路中。

（2）测量直流电流时，电流表接线端的“＋”“－”极性不可接错，否则可能损坏仪表。磁电式电流表一般只用于测量直流电流。

（3）应根据被测电流大小选择合适的量程。对于有两个量程的电流表，它具有三个接线端，使用时要看清接线端量程标记，将公共接线端和一个量程接线端串接在被测电路中。

（4）选择合适的准确度以满足被测量的需要。电流表具有内阻，内阻越小，测量的结果越接近实际值。为了提高测量的准确度，应尽量采用内阻较小的电流表。

(5)在测量数值较大的交流电流时，常借助于电流互感器来扩大交流电流表的量程，如图 3-9 所示。电流互感器次级线圈的额定电流一般设计为 5 A，与其配套使用的交流电流表量程也应为 5 A。电流表指示值乘以电流互感器的变流比，为所测实际电流的数值。使用电流互感器时，应让互感器的次级线圈和铁芯可靠接地，次级线圈一端不得加装熔断器，严禁使用时开路。

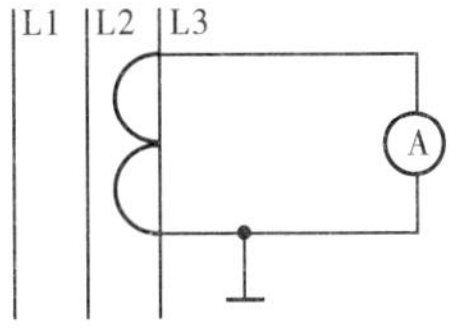

图 3-9　电流互感器测量接线图

三、钳形电流表

钳形电流表是根据电流互感器的原理制成的，外形像钳子一样，如图 3-10 所示。

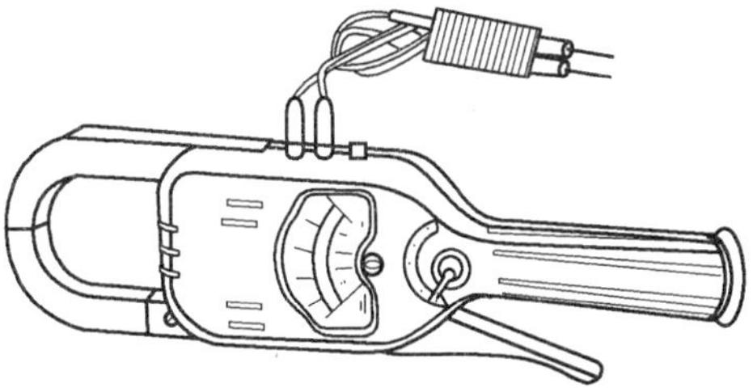
图 3-10　钳形电流表

(一)钳形电流表的使用方法

将欲测的导线从铁芯的缺口放入铁芯中央，这条导线就相当于电流互感器的一次绕组。然后松手让铁芯自动闭合，被测导线的电流就在铁芯中产生交变磁感应线，使二次绕组感应出与导线中流过的电流成一定比例的二次电流，从表上就可以直接读数。钳形电流表的使用方法如图 3-11 所示。

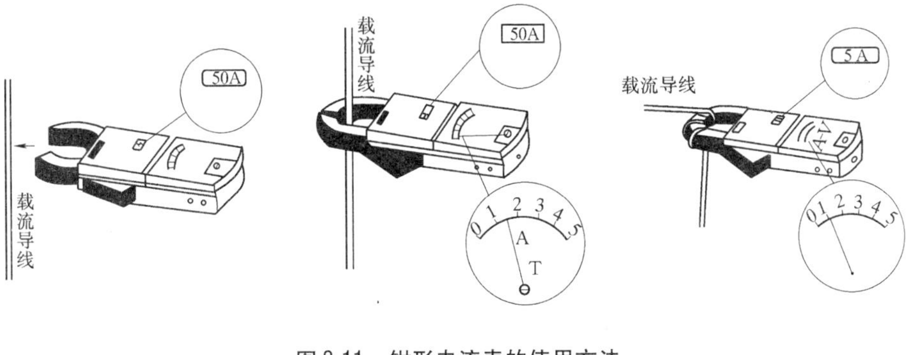

图 3-11　钳形电流表的使用方法

(二)使用钳形电流表的注意事项

(1)进行电流测量时，被测载流导线应放在钳口中央，以免产生误差。

(2)测量前应先估计被测电流或电压大小，选择合适的量程。或先选用较大量程测量，然后视被测电流、电压大小，减小量程。

(3)为使读数准确，钳口两个面应保证很好接合。如有杂声，可将钳口重新开合一次。如果声音依然存在，可检查在接合面上是否有污垢存在。如有污垢，可用汽油擦干净。

（4）测量后一定要把调节开关放在最大电流量程，以免下次使用时，由于未经选择量程而造成仪表损坏。

（5）测量小于 5 A 以下电流时，为了得到较准确的读数，在条件许可时，可把导线多绕几圈放进钳口进行测量，但实际电流值应为读数除以放进钳口内的导线根数。

四、万用表

万用表能测量直流电流、直流电压、交流电压和电阻等，有的还可以测量功率、电感和电容等，是电工最常用的仪表之一。

（一）万用表的基本结构及外形

万用表主要由指示部分、测量电路和转换装置三部分组成。指示部分通常为磁电式微安表，俗称表头；测量电路把被测的电量转换为适合表头要求的微小直流电流，通常包括分流电路、分压电路和整流电路；不同种类电量的测量及量程的选择是通过转换装置来实现的。

万用表的外形如图 3-12 所示。

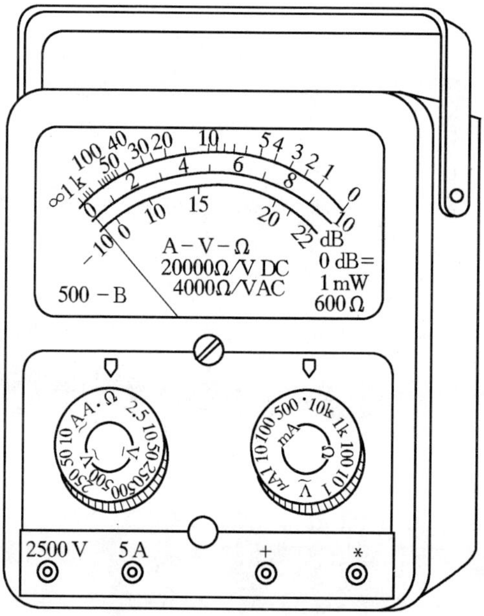

图 3-12　500 型万用表面板

（二）万用表的使用方法

1. 端钮（或插孔）选择要正确

红色表笔连接线要接到红色端钮上（或标有“＋”号插孔内），黑色表笔的连接线应接到黑色端钮上（或标有“－”号插孔内）。有的万用表备有交直流 2 500 V 的测量端钮，使用时黑色测试棒仍接黑色端钮（或标有“－”的插孔内），而红色测试棒接到 2 500 V 的端钮上（或插孔内）。

2. 转换开关位置的选择要正确

根据测量对象将转换开关转到需要的位置上。如测量电流应将转换开关转到相应的电流挡，测量电压转到相应的电压挡。有的万用表面板上有两个转换开关，一个选择测量种类，另一个选择测量量程。使用时应先选择测量种类，然后选择测量量程。

3. 量程选择要合适

根据被测量的大致范围，将转换开关转至该种类的适当量程上。测量电压或电流时，最好使指针在量程的 1/2 到 2/3 的范围内，读数较为准确。

4. 正确进行读数

在万用表的标度盘上有很多标度尺，它们分别适用于不同的被测对象。因此测量时，在对应的标度尺上读数的同时，也应注意标度尺读数和量程挡的配合，以避免差错。

5. 欧姆挡的正确使用

1）选择合适的倍率挡

测量电阻时，倍率挡的选择应以使指针停留在刻度线较稀的部分为宜，指针越接近标度尺的中间，读数越准确，越向左，刻度线越密，读数的准确度越差。

2）调零

测量电阻之前，应将两根测试棒碰在一起，同时转动“调零旋钮”，使指针刚好指在欧姆标度尺的零位上，这一步骤称为欧姆挡调零。每换一次欧姆挡，测量电阻之前都要重复这一步骤，从而保证测量准确度。如果指针不能调到零位，说明电池电压不足需要更换。

3）不能带电测量电阻

测量电阻时万用表是由干电池供电的，被测电阻决不能带电，以免损坏表头。在使用欧姆挡间隙中，不要让两根测试棒短接，以免浪费电池。

6. 注意操作安全

（1）在使用万用表时要注意，手不可触及测试棒的金属部分，以保证安全和测量的准确度。

（2）在测量较高电压或较大电流时，不能带电转动转换开关，否则有可能使开关烧坏。

（3）万用表用完后最好将转换开关转到交流电压最高量程挡，此挡对万用表最安全，以防下次测量时疏忽而损坏万用表。

（4）在测试棒接触被测线路前应再作一次全面的检查，看一看各部分位置是否有误。

五、兆欧表

兆欧表俗称摇表，是用来测量大电阻和绝缘电阻的，它的计量单位是兆欧（MΩ），故称兆欧表。兆欧表的种类有很多，但其作用大致相同，常用 ZC11 型兆欧表的外形如图 3-13 所示。

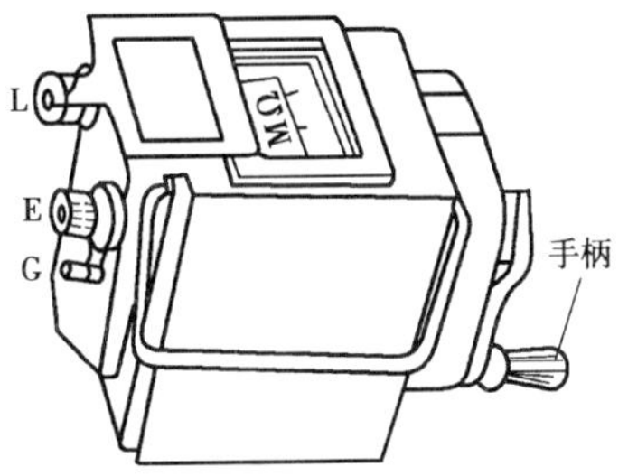

图 3-13 兆欧表的外形

(一)兆欧表选用

规定兆欧表的电压等级应高于被测物的绝缘电压等级,所以测量额定电压在 500 V 以下的设备或线路的绝缘电阻时,可选用 500 V 或 1 000 V 兆欧表;测量额定电压在 500 V 以上的设备或线路的绝缘电阻时,应选用 1 000 ~ 2 500 V 兆欧表;测量绝缘子时,应选用 2 500 ~ 5 000 V兆欧表。一般情况下,测量低压电气设备绝缘电阻时可选用 0 ~ 200 MΩ 量程的兆欧表。

(二)绝缘电阻的测量方法

兆欧表有三个接线柱,上端两个较大的接线柱上分别标有“接地”(E)和“线路”(L),在下方较小的一个接线柱上标有“保护环”(或“屏蔽”)(G)。

1. 测量线路对地的绝缘电阻

将兆欧表的“接地”接线柱(E 接线柱)可靠地接地(一般接到某一接地体上),将“线路”接线柱(L 接线柱)接到被测线路上,如图 3-14(a)所示。连接好后,顺时针摇动兆欧表,转速逐渐加快,保持在约 120 r/min 后匀速摇动,当转速稳定,表的指针也稳定后,指针所指示的数值即为被测物的绝缘电阻值。

实际使用中,E、L 两个接线柱也可以任意连接,即 E 接线柱可以与被测物相连接,L 接线柱可以与接地体连接(即接地),但 G 接线柱决不能接错。

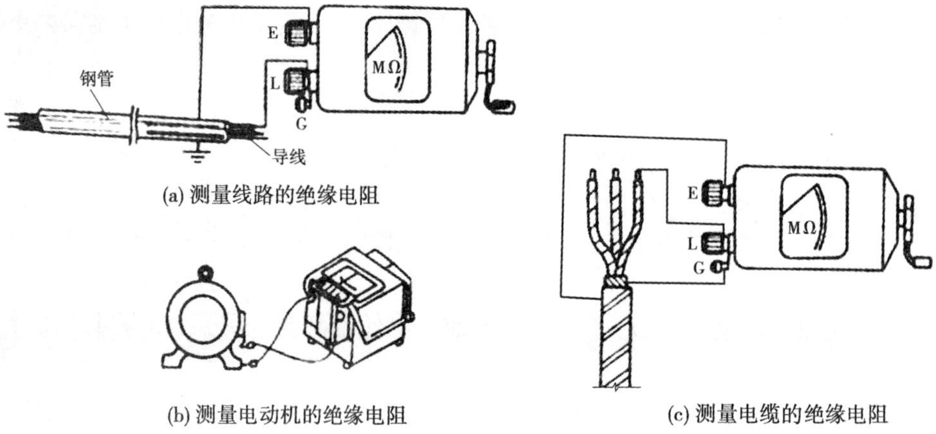

(a) 测量线路的绝缘电阻

(b) 测量电动机的绝缘电阻

(c) 测量电缆的绝缘电阻

图 3-14 兆欧表的接线方法

2. 测量电动机的绝缘电阻

将兆欧表的 E 接线柱接机壳(接地),L 接线柱接到电动机某一相的绕组上,如图 3-14(b)所示,测出的绝缘电阻值就是某一相的对地绝缘电阻值。

3. 测量电缆的绝缘电阻

测量电缆的导电线芯与电缆外壳的绝缘电阻时,将接线柱 E 与电缆外壳相连接,接线柱 L 与线芯连接,同时将接线柱 G 与电缆壳、芯之间的绝缘层相连接,如图 3-14(c)所示。

(三)使用注意

(1)使用前应作开路和短路试验,使 L、E 两接线柱处在断开状态,摇动兆欧表,指针应指向“∞”;将 L 和 E 两个接线柱短接,慢慢地转动,指针应指向在“0”处。这两项都满足要求,说明兆欧表是好的。

(2)测量电气设备的绝缘电阻时,必须先切断电源,然后将设备进行放电,以保证人身安全和测量准确。

(3)兆欧表测量时应放在水平位置,并用力按住兆欧表,防止在摇动中晃动,摇动的转速为 120 r/min。

(4)引接线应采用多股软线,且要有良好的绝缘性能,两根引线切忌绞在一起,以免造成测量数据的不准确。

(5)测量完后应立即对被测物放电,在摇表的摇把未停止转动和被测物未放电前,不可用手去触及被测物的测量部分或拆除导线,以防触电。

六、电桥

电桥:用比较法测量各种量(如电阻、电容、电感等)的仪器。一般简单电桥是由四个支路组成的电路,各支路称为电桥的“臂”。

(一)常用电桥

电桥是用比较法测量物理量的电磁学基本测量仪器,电桥的种类很多。测量中等阻值($10 \sim 10^6\ \Omega$)的电阻要用惠斯登单臂电桥进行测量;若要测量更大阻值的电阻,一般采用高电阻电桥或兆欧表;而要测量阻值较小($10^{-6} \sim 10^2\ \Omega$)的电阻时,一般采用双臂电桥(开尔文电桥)。电桥准确度高、稳定性好,所以被广泛用于电磁测量、自动调节和自动控制中。惠斯登单臂电桥是最基本的直流单臂电桥。

(二)直流单臂电桥测电阻的方法

常用的直流单臂电桥有 QJ23 型,以此讲述直流单臂电桥的测量使用方法。QJ23 型直流单臂电桥的面板和电路如图 3-15 所示,其比例桥臂由八个电阻组成,在实际应用中 R_2 和 R_3 是做在一起的,可用一个转换开关来改变 R_2/R_3 的比值,一般有七个挡位,分别为 ×0.001、×0.01、×0.1、×1、×10、×100、×1 000 七种比率,由倍率开关切换。其比较臂由四组电阻串联组成,做成四个读数盘,第一组为 9 个 1 Ω 电阻、第二组为 9 个 10 Ω 电阻、第三组为 9 个 100 Ω 电阻、第四组为 9 个 1 000 Ω 电阻,当全部电阻串联时,总电阻值为 9 999 Ω,由读数盘开关转换。选择不同的倍率和比较臂的电阻,可测量不同的电阻值。

七、功率计

(一)功率计的工作原理

功率计多数是根据电动式仪表的工作原理来测量电路的功率。当测量直流电路功率时,功率计指针的偏转角取决于负载电压和负载电流的大小;当测量交流电路功率时,其指针的偏转角是与负载电压、负载电流和功率因数成正比的。

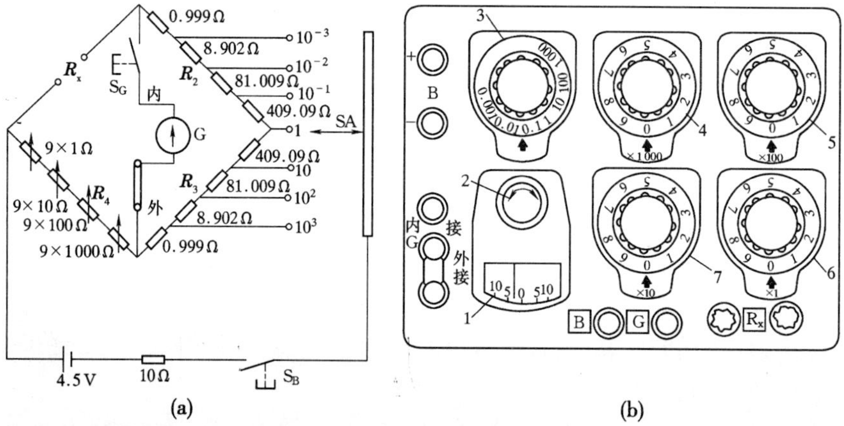

1—检流计;2—调零旋钮;3—比例臂;4～7—比较臂

图 3-15　QJ23 型直流单臂电桥面板和电路

(二)功率计的选择

在选择功率计时,首先要考虑的是功率计的量程,必须使其电流量程能承受允许通过的负载电流,电压量程能承受负载电压。例如,有一感性负载,功率为 800 W,额定电压为 220 V,功率因数是 0.8,应如何选择功率计的量程来测量这一负载的消耗功率呢？因负载电压为 220 V,功率计的电压量程可选为 300 V。根据公式 $P = UI\cos\varphi$,来计算负载电流

$$I = \frac{P}{U\cos\varphi} = \frac{800}{220 \times 0.8} = 4.54(\text{A})$$

故功率计的电流量程可选为 5 A。由此可选功率计量程为 300 V,5 A,其功率量程为 1 500 W,如果选用量程为 100 V,15 A 的功率计,虽然功率量程仍为 1 500 W,但负载电压超过了功率计的量程,所以不能使用。可以看出,选择功率计的量程,就是正确地确定功率计的电流量程和电压量程。

要按被测电路交流负载的功率因数的大小,确定选用普通功率计还是低功率因数功率计。普通功率计是按照额定电压、额定电流及额定功率因数 $\cos\varphi = 1$ 的条件进行刻度的。如果测量功率因数很低的负载,功率计指针的偏转角很小,测量结果的误差较大,这时需要选择低功率因数功率计。低功率因数功率计标度尺是在功率因数较低的条件下进行刻度的,并在表内采用了多种补偿措施,对功率因数较低的负载可以提高测量的准确度。

(三)功率计的使用

电动式功率计指针的偏转方向是由通过电流线圈的电流方向决定的,如果改变其中一个线圈的电流方向,指针就将反转。为了保证指针正转,通常在电流线圈和电压线圈的接线端记“ * ”符号,称为电源端,并规定电源端接线规则如下:功率计电流线圈的电源端必须和电源相连接,另一接线端与被测负载相连接;电压线圈的电源端可以与电流线圈的任一接线端相连,另一接线端跨接被测负载的另一端。按照这个规则接线,指针不会反

转。应注意,在仪表上注有“*”号的端点应接在一起,功率计的连接如图 3-16 所示。

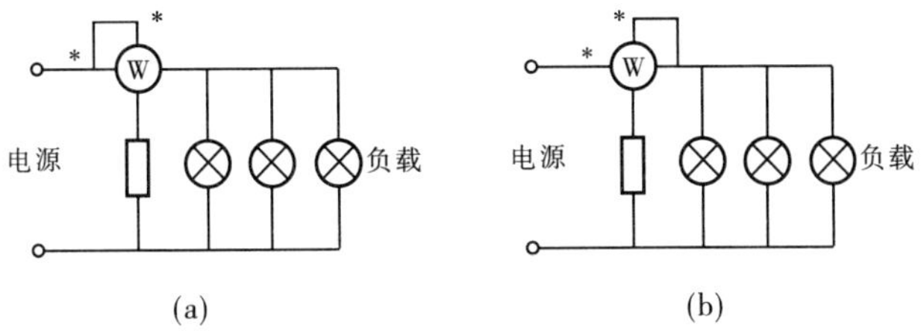

图 3-16 功率计的连接

功率计有两种接线方法。当被测负载较小时,考虑功率计功率消耗对测量结果的影响,可根据情况选择接线方法。当负载电阻远大于电流线圈电阻时,应采用图 3-16(a)所示方法。此时电压线圈所测的电压为负载和电流线圈电压之和。因电流线圈与负载相比电阻小,所测电压近似等于负载电压,功率计指示接近实际值。当负载电阻远小于电压线圈电阻时,应采用图 3-16(b)所示方法,电流线圈所测电流为负载和电压线圈电流之和。因电压线圈电阻远大于负载电阻,所测电流近似等于负载电流,功率计指示较为准确。

在实际测量中,如被测负载的功率很大,上述两种接线方法可任选。

【分析与思考】

(1)常用电工工具有哪些?

(2)在测量中应如何选择合适的电工仪表及其量程?

项目四　电工基础实训

【学习目标】

1. 掌握和巩固电工理论知识；
2. 练习常用仪表、仪器的正确使用；
3. 学会实验数据的分析方法；
4. 掌握实验实训报告的撰写；
5. 养成遵守操作规程、爱护仪表设备的职业素养。

任务一　基尔霍夫定律

一、实训目的

(1)练习测量仪表的使用方法；
(2)熟悉万用表的使用方法；
(3)验证基尔霍夫定律；
(4)掌握电路中电压、电流参数的测量方法；
(5)能够根据电路实验参数，计算各点参数。

二、实训仪器与设备

(1)直流稳压电源	2 台
(2)万用表	1 只
(3)电流表	1 只
(4)电阻	若干
(5)导线	若干
(6)实验箱或万能板	选用

三、实训电路与原理

(一)电路的搭建

如图 4-1 所示搭建实验电路，电路中适当选择 R_1、R_2、R_3、R_4、R_5 的阻值(可由万用表测量，或根据色环读取)。按图示设定电路中各支路的参考方向。

(二)电位与电压的测量

在进行电位与电压的测量时，应将图示电路中的断开点之间用导线接通，并使用万用表的电压挡(根据所选电压源选择合适的量程)。电位是电路中某一点到参考点的电压，

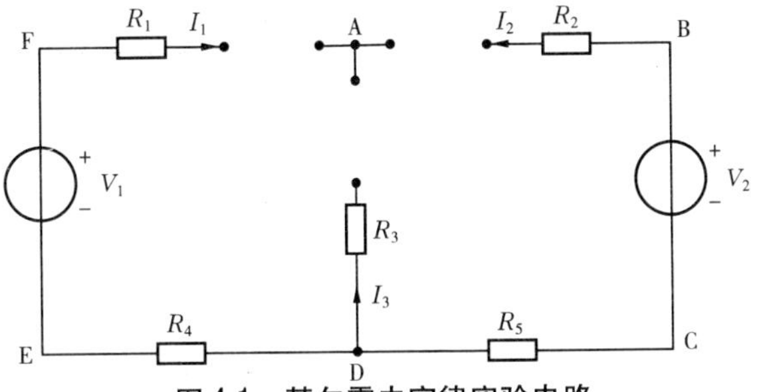

图 4-1 基尔霍夫定律实验电路

电位测量时用黑色表笔接参考点，用红色表笔接被测点，此时万用表的读数即为该点电位。电压是指电路中两点之间的电位差，因此在电压测量时应按参考方向进行，或在所选定网孔中统一沿顺时针方向进行测量。

（三）电流的测量

根据所选电阻与电源参数，估算电流并选择电流表合适量程，也可使用万用表。在测量某支路电流时，将电流表按设定参考方向串联在被测电路中，电流从"+"极流入"-"极流出，其余断开点应用导线接通。此时电流表的读数即为该支路的电流值，若读数为正表示电流方向与设定的参考方向一致，若读数为负表示电流方向与设定的参考方向相反。

（四）基尔霍夫定律（KCL 与 KVL）

KCL 内容是：在集总参数电路中，任一时刻，流经任一节点电流的代数和恒等于零。

KVL 内容是：在集总参数电路中，任一时刻，电路中的任一闭合回路内所有元件电压的代数和恒等于零。

四、实训内容与步骤

（1）使用导线将实验电路连接，形成回路。在图 4-1 中用 A、B、C、D、E、F 标注各节点。

（2）电压测量。

将两路直流稳压电源调节为 $V_1=14$ V，$V_2=7$ V 接入电路，用万用表测 U_{AB}、U_{BC}、U_{CD}、U_{DE}、U_{EF}、U_{FA}，并将电压数值记入表 4-1 中。

（3）电位测量。

分别以 B 点、E 点为参考点，测量电路中其余各点的电位，记录各数值，并计算 U_{AB}、U_{BC}、U_{CD}、U_{DE}、U_{EF}、U_{FA}，与步骤（2）数据进行比较，电位、电压数值记入表 4-2 中。

（4）电流测量。

按实验电路所示的电流参考方向，使用电流表或万用表对各支路电流分别进行测量，并将电流数值记入表 4-3 中。

（5）另外，可自行调节稳压电源输出值进行验证，将结果填入记录表。

五、实训记录

（1）回路电压测量值记入表 4-1。

表 4-1　电压记录表

电源电压	U_{AB}	U_{BC}	U_{CD}	U_{DE}	U_{EF}	U_{FA}
$V_1=14$ V $V_2=7$ V						
$V_1=$ $V_2=$						

(2)电位测量值及电压计算值记入表 4-2。

表 4-2　电位测量及电压计算记录表

测量点	$V_1=14$ V $V_2=7$ V	$V_1=$ $V_2=$	计算值		
A			U_{AB}		
B			U_{BC}		
C			U_{CD}		
D			U_{DE}		
E			U_{EF}		
F			U_{FA}		

(3)电流测量值记入表 4-3。

表 4-3　电流测量记录表

测量电流	$V_1=14$ V $V_2=7$ V	$V_1=$ $V_2=$
I_1		
I_2		
I_3		

六、分析与思考

(1)如何识别电阻元件的类型?

(2)测量电压和电流时万用表表笔连接有何区别?

(3)数字表与机械表有何不同?如何读取机械表的读数?

(4)更换电源对定律的验证有无影响?

任务二 叠加定理

一、实训目的

(1)验证线性电路中的叠加定理及其适用范围;
(2)加深对叠加定理和齐次性的理解;
(3)进一步熟悉直流电表的测量方法;
(4)能够计算电路中各电压、电流参数。

二、实训仪器与设备

(1)直流稳压电源	2 台
(2)万用表	1 只
(3)双刀双掷开关	3 只
(4)电阻	若干
(5)二极管	1 个
(6)导线	若干
(7)实验箱或万能板	选用

三、实训电路与原理

(一)电路的搭建

如图 4-2 搭建实验电路,电路中适当选择 R_1、R_2、R_3、R_4、R_5 的阻值(可由万用表测量,或根据色环读取)及二极管 D1。按图示设定电路中各支路的参考方向。

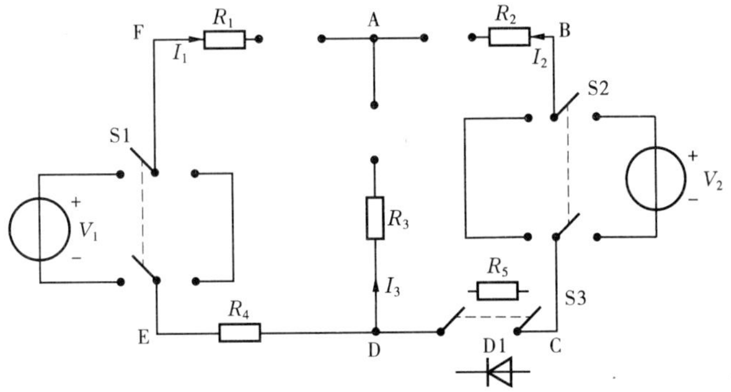

图 4-2 叠加定理实验电路

(二)叠加定理

线性电路中,当几个电源同时作用时,任何一支路的电流或电压等于电路中两个独立源单独作用时在此支路产生的电流或电压的代数和。

图 4-2 采用两个直流稳压源进行,也可使用电流源(若实验室没有直流恒流源,可参考项目五,使用仿真的方法实现)。

（三）叠加定理的适用范围

叠加定理适用于线性元器件组成的线性电路，并具有齐次特性：当电路中的电源信号增加 K 倍时，电路中的各响应也将增加或减小 K 倍。当电路中具有非线性元件时，叠加定理不再适用。

四、实训内容与步骤

（1）使用导线将实验电路连接，形成回路。

将两路直流稳压电源调节为 $V_1=14\ \text{V}$，$V_2=7\ \text{V}$。

（2）测量电路中的参数（元件电压及支路电流）并记录下来，填入表4-4。

（3）V_1 单独作用时电路参数的测量。

测量电路中的参数（元件电压及支路电流）并记录下来，填入表4-5。

（4）V_2 单独作用时电路参数的测量。

测量电路中的参数（元件电压及支路电流）并记录下来，填入表4-5。

（5）将 V_1 与 V_2 单独作用时电路的各参数叠加并与表4-4记录数据进行比较。

（6）另外，将开关S3拨到D1处将二极管接入电路。重新进行步骤（1）~（5），将结果填入记录表。

五、实训记录

（1）两电源同时作用时电路中各参数测量及记录（表4-4）。

表4-4　V_1 与 V_2 同时作用时电路的参数记录表

测量参数	U_{AB}	U_{CD}	U_{DE}	U_{AD}	U_{FA}	I_1	I_2	I_3
$V_1=14\ \text{V}$ $V_2=7\ \text{V}$								
$V_1=$ $V_2=$								

（2）两电源单独作用时电路中各参数测量及记录（表4-5）。

表4-5　V_1 单独作用或 V_2 单独作用时电路的参数记录表

测量参数	U_{AB}	U_{CD}	U_{DE}	U_{AD}	U_{FA}	I_1	I_2	I_3
$V_1=14\ \text{V}$								
$V_2=7\ \text{V}$								
叠加参数								
$V_1=$								
$V_2=$								
叠加参数								

六、分析与思考

(1)根据实验记录表中的数据,分析是否符合叠加定理。

(2)比较表4-4、表4-5中的数据,是否有误差?分析误差的原因。

(3)用开关S3将二极管D1接入电路后分析表4-4、表4-5中的数据是否还符合叠加定理。

(4)更换电源对定律的验证有无影响?

任务三 戴维南定理和诺顿定理

一、实训目的

(1)掌握戴维南定理和诺顿定理;

(2)掌握电压源与电流源相互进行等效转换的方法;

(3)了解开路电压的测量;

(4)掌握等效电阻的计算方法。

二、实训仪器与设备

(1)直流稳压电源	1台
(2)可调直流恒流源	1台
(3)万用表	1只
(4)电阻	若干
(5)电位器	若干
(6)导线	若干
(7)实验箱或万能板	选用

三、实训电路与原理

(一)电路的搭建

根据图4-3搭建实训电路,进行定理验证。

注意:在这个网络中,当负载电阻R小于某一个数值后,电路将发生变化,这主要是由于实际电源在使用时超出了其规定的正常工作范围,而导致电路出现异常。

(二)定理

戴维南定理:任何一个线性网络,如果只研究其中一条支路的电压和电流,则可将电路的其余部分看作是一个含源的一端口网络。这时可用一个等效电压源来代替其对外部电路的作用,该电压源的电动势等于这个一端口网络的开路电压,其等效内阻等于这个一端口网络中各电源均为零时的等效电阻。

诺顿定理:如果这个含源一端口网络用等效电流源来代替,其等效电流就等于这个含源一端口网络的短路电流,其等效内电导等于这个含源一端口网络各电源均为零时的等

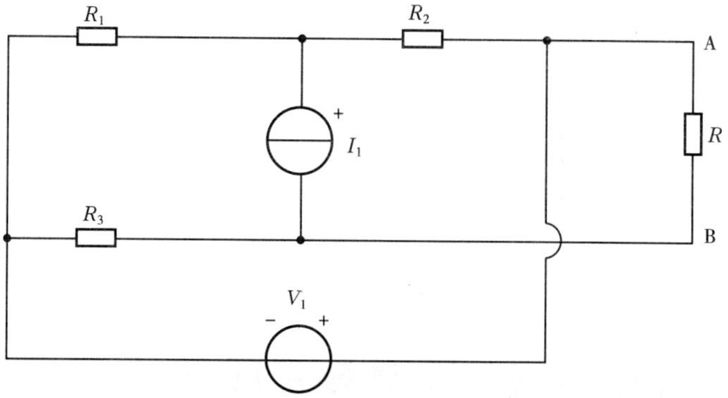

图 4-3　实训电路

效电导。

(三)有源一端口网络等效参数的测量

开路电压的测量有直接测量法及零示法。

直接测量法:在测量精度要求不高的情况下,我们可以忽略电压表内阻的影响,直接测出开路电压。

零示法:如图 4-4 所示,用一低内阻的稳压电源与被测有源一端口网络进行比较,当稳压电源与有源一端口网络的开路电压相等时,电流表的读数将为“0”;然后将电路断开,测量此时稳压电源的输出电压,即为被测有源一端口网络的开路电压。

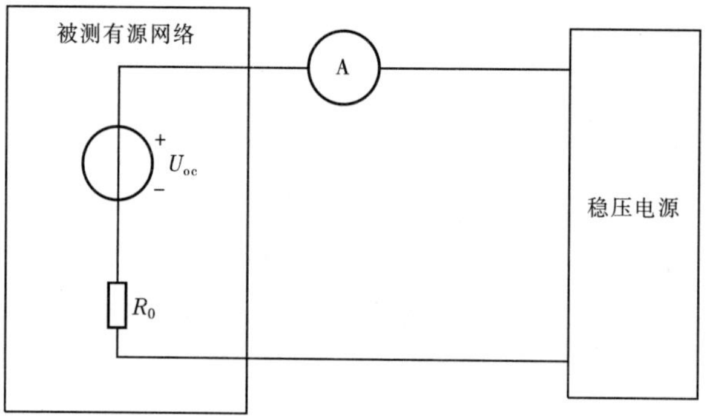

图 4-4　零示法测开路电压

等效电阻的测量有直接测量法、短路电流法、入端电阻法。

直接测量法:将有源一端口网络中所有的独立源置零,用万用表直接测量一端口网络等效电阻。

短路电流法:先测量有源一端口网络的开路电压,再测量短路电流,然后计算出等效电阻。

入端电阻法:将有源一端口网络中所有的独立源置零,在网络输出端加一电压 U,测出端电流 I,运算即得等效电阻为 $\frac{U}{I}$。

四、实训内容与步骤

(1)按图 4-3 进行接线,改变可调电阻 R,测量 U_{AB}和 I_R 的关系曲线,数据记入表 4-6 中。特别注意要测出 $R=\infty$ 及 $R=0$ 时的电压和电流参数。

(2)测量无源一端口网络的入端电阻。将电流源开路,同时将电压源短路,再将负载电阻开路,根据实验条件或选用合适的方法测量 A、B 两点间的电阻,即为该网络的入端电阻 $R_{AB}=$__________。

(3)将 A、B 两端左侧电路用戴维南等效电路替代,重复测量 U_{AB}和 I_R 的数值,记入表 4-7,并与步骤(1)所测得的数据进行比较,验证戴维南定理。

(4)将 A、B 两端左侧电路用诺顿等效电路替代,重复测量 U_{AB}和 I_R 的关系曲线,记入表 4-8,并与步骤(1)所测得的数据进行比较,验证诺顿定理。

五、实训记录

将测量数据记入表 4-6 ~ 表 4-8。

表 4-6　测量数据记录表

$R(\Omega)$	0	100	300	500	800	1 000	3 000	∞
U_{AB}(V)								
I_R(mA)								

表 4-7　测量数据记录表(戴维南等效)

$R(\Omega)$	0	100	300	500	800	1 000	3 000	∞
U_{AB}(V)								
I_R(mA)								

表 4-8　测量数据记录表(诺顿等效)

$R(\Omega)$	0	100	300	500	800	1 000	3 000	∞
U_{AB}(V)								
I_R(mA)								

六、分析与思考

(1)戴维南定理和诺顿定理的使用条件是什么?

(2)在验证戴维南定理时,如果电源内阻不能忽略,实验该如何进行?

(3)计算戴维南等效和诺顿等效各参数的理论值。

(4)当负载电阻 R 小于某一数值后,电路将发生变化。试计算这一阻值,并解释这一现象。

任务四　交流电路中基本参数及电阻、电感和电容的测量

一、实训目的

(1)理解交流电路中的瞬时值、幅值和有效值；

(2)练习使用交流电流表、交流电压表；

(3)掌握用交流仪表测定交流电路参数的方法；

(4)了解交流电路中 R、L、C 元件的频率与阻抗之间的关系，测定 $R—f$、$X_L—f$、$X_C—f$ 特性曲线；

(5)理解交流电路中 R、L、C 元件的端电压与电流之间的相位关系；

(6)熟悉信号发生器、示波器等电子仪器的使用方法。

二、实训仪器与设备

(1)交流电源	1 台
(2)交流电流表	1 只
(3)交流电压表	1 只
(4)双踪示波器	1 台
(5)电阻、电容、电感	1 组
(6)导线	若干

三、实训电路与原理

(一)电路的搭建

根据图 4-5 搭建实训电路。

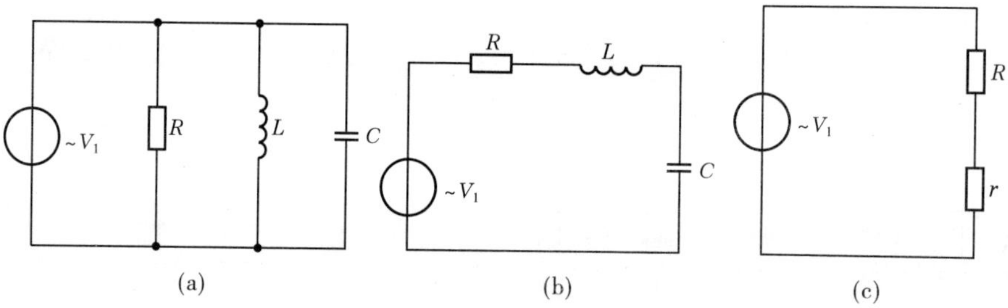

图 4-5　实训电路

(二)交流量的瞬时值、幅值和有效值

瞬时值：交流量的大小和方向都是随时间变化的，在选定参考方向后，可以用带有正、负号的数值表示交流量在每一瞬间的大小和方向，这样的数值称为交流量的瞬时值。

幅值：(周期性变化的)交流量在一个变化周期内瞬时值中最大的数值称为最大值或幅值。

有效值：为了使交流电的大小能够反映它在电路中能量转换的实际效果，我们把交流

量通过一个电阻在一个周期内消耗的电能与某直流电流通过同一电阻在同样的时间内消耗的电能相等的直流量叫作有效值。

(三)正弦交流信号作用下的 R、L、C 元件

正弦交流信号作用下,R、L、C 元件的阻抗与信号的频率有关。

在频率较低的情况下,电阻元件通常可以忽略其电感和分布电容的影响,看作纯电阻。此时其端电压和电流可表示为:$\dot{U}=\dot{I}R$,且电压与电流之间无相位差。

电容元件在低频下,可忽略其附加电感和电容极间介质的功率损耗,认为只具有电容 C,其电压与电流的关系可表示为:$\dot{U}=\dot{I}X_C$,且电压滞后于电流 90°。

电感元件因其由导线绕制而成,故导线的电阻不可忽略,但在低频时可忽略其分布电容的影响,看作由电阻 R_L 与电感 L 串联组成。在正弦电流的情况下可表示为:$Z=R_L+j\omega L$,如果 R_L 可忽略,则电压超前电流 90°。

四、实训内容与步骤

(1)按图 4-5(a)、(b)测量电路中各元件的电压及电流,并记录在表 4-9 中。

(2)按图 4-5(c)测定元件的 R—f 特性曲线。

图中 r 为提供测量回路电流用的标准电阻,这里选用 300 Ω 的精密可调电阻代替。R 为被测电阻,使用 1 kΩ 的线绕电阻。调节信号发生器,使输出的交流正弦波的电压有效值为 2 V,频率从 1 kHz 逐渐增至 20 kHz。用数字频率计读取频率值,用宽频带电压表分别测量 U_S、U_R、U_r。改变输出信号的频率,重复以上的电压测量,数据表格自拟,测出 R—f 特性曲线。

(3)测定元件的阻抗角的频率特性曲线。

使用双踪示波器同时观察 r 与被测元件两端的电压,即可看到被测元件两端的电压和流过该元件电流之间的相位关系。测出电压与电流的幅值及它们之间的相位差,将各个不同频率下的相位差画在以频率为横坐标、阻抗角为纵坐标的图 4-6 中,即得各元件阻抗角的频率特性曲线。

五、实训记录

将测量结果记入表 4-9、图 4-6。

表 4-9 交流电路中各元件参数记录表

电路形式	U_R	U_L	U_C	I_R	I_L	I_C
串联						
并联						

六、分析与思考

(1)应如何使用万用表测量交流参数?

(2)为什么实际电路元件中,一般情况下电阻、电容比较接近单一参数,而电感线圈

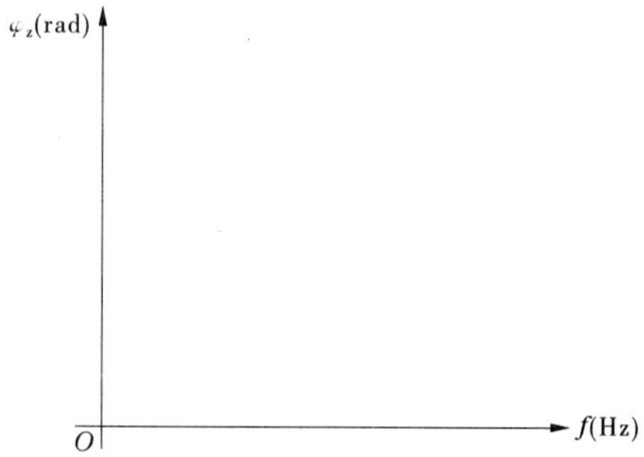

图 4-6　φ_z—f 曲线绘制图

却不能?

（3）什么情况下电感线圈能比较接近单一参数?

（4）分析实训记录数据,找出 R、L、C 串联和 R、L、C 并联时电路参数之间的规律。

任务五　功率测量及功率因数的提高

一、实训目的

（1）掌握功率的测量方法和功率表的正确使用;

（2）通过实验了解功率因数提高的方法和意义;

（3）进一步掌握关系曲线的绘制。

二、实训仪器与设备

（1）交流电源	1 台
（2）单相调压器(220/0～250 V)	1 台
（3）单相功率表(220 V/2 A)	1 只
（4）万用表	1 只
（5）40 W/220 V 日光灯	1 只
（6）镇流器	1 个
（7）启辉器	1 个
（8）导线	若干

三、实训电路与原理

（1）如图 4-7 所示搭建实训电路。

（2）在正弦交流电路中,无源二端口网络吸收的有功功率并不等于 UI,而是等于 $UI\cos\varphi$,其中 $\cos\varphi$ 称为负载的功率因数,φ 是负载电压与电流的相位差,称为功率因数角。在电压相同的情况下,线路传输一定的有功功率,功率因数 $\cos\varphi$ 越小,则传输的电流就越大,传输线路上的损耗也就越大。负载功率因数过低,一方面不能充分利用电源容量,另一方面又在输电线路中增加了损耗,降低了传输效率。因此,在工程上为了减少线

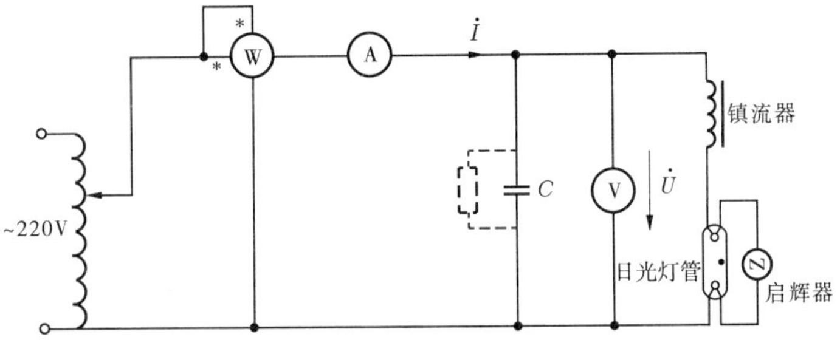

图 4-7　日光灯电路

路上的损耗，提高设备的利用率，供电部门总是要求用户尽量提高用电设备的功率因数。

(3)负载电压与电流相位差的存在，是因为负载中有电感或电容元件存在。日常生活中的负载大多是感性负载，例如驱动用的电动机、日光灯中的镇流器等，它们的功率因数一般都较低。因此，要提高负载的功率因数，可以采用在负载两端并联电容器的方法进行补偿，但补偿电容必须选择合理，不能太大，否则当负载呈现容性时，有可能使功率因数反而降低。

(4)本实训中的日光灯负载由日光灯管、镇流器(带铁芯的电感线圈)和启辉器组成，是一个电阻与电感串联的电路。因此，电源电压 U、灯管电压 U_R、镇流器端电压 U_L 之间应有 $U=\sqrt{U_R^2+U_L^2}$ 的关系。

四、实训内容与步骤

(一)测量日光灯的电阻 R

(1)按图 4-7 完成实训电路的接线，调压器归零。

(2)接通电源，逐步调高调压器电压，使电压读数为 220 V，测量出电流表、功率表的读数，填入表 4-10 中，并计算日光灯的电阻 R。

(二)测量电容器的电容 C

(1)调压器归零，断开电源，将日光灯换为电容器。

(2)逐步调节调压器，取出三组电压、电流和功率表的读数，记入表 4-11 中，计算电容值并取平均数。

(三)测量镇流器的电感 L 和内阻 r

(1)调压器归零，断开电源，将电容器换为镇流器。

(2)逐步调节调压器，取出三组电压、电流和功率表的读数，记入表 4-12 中，计算镇流器的电感参数并取平均数。

(四)功率因数提高

(1)按图 4-7 所示连接电路。

(2)调节调压器输出 180 V 电压，点亮日光灯后，再将日光灯两端电压升至额定电压 220 V，保持约 10 min，待灯管性能参数渐趋稳定后，开始实验，并记录数据。

(3)保持电压表两端电压不变，改变可变电容的电容值，从 $C=0$ 开始，逐渐增大电容 C 的值，直至最大，将各电容值下的电压 U、总电流 I、有功功率 P 记入表 4-13 中，确定实验最佳补偿电容值。

(4)计算各测量点的功率因数 $\cos\varphi$,在直角坐标系中绘出 $I—C$、$P—C$、$\cos\varphi—C$ 的关系曲线,其中,$\cos\varphi = P/UI$。

五、实训记录

将实验数据记入表 4-10 ~ 表 4-13。

表 4-10　日光灯电阻计算

元件	测量数据			计算数据
	U	I	P	R
日光灯	220			

表 4-11　电容器电容值计算

次数	测量数据			计算数据
	U	I	P	C
1				
2				
3				

表 4-12　镇流器电感值计算

次数	测量数据			计算数据
	U	I	P	L
1				
2				
3				

表 4-13　功率因数提高记录

元件参数	测量数据			计算数据
	U	I	P	功率因数
$C=$				
$C=$				
$C=$				
$C=$				
$C=$				

六、分析与思考

(1)在进行功率因数补偿时,本实验采用并联电容器的方法,为什么不采用串联电容器的方法?

(2)电容器是否有功率损耗?如何确定?当电容量改变时,电流表和功率表的读数将有什么变化?

(3)当负载功率因数很小时,用一般功率表来测量,读数较小,这时能否减小电压、电流的量限?为什么?

任务六　三相负载的星形、三角形连接及二瓦表法测量功率

一、实训目的

(1)学会三相负载星形和三角形的连接方法,掌握这两种接法下,线电压和相电压、线电流和相电流的测量方法;

(2)验证星形、三角形连接中线电流、相电流、线电压和相电压之间的关系;

(3)学会使用三相电源;

(4)学会三相电源相序的判定方法;

(5)进一步熟悉交流电压表和电流表的使用;

(6)熟悉二瓦表法测量有功和无功功率的原理与接线方法;

(7)了解中线的作用。

二、实训仪器与设备

(1)三相交流电源(380 V/220 V)	1 台
(2)交流电压表	1 只
(3)交流电流表	1 只
(4)功率表	1 只
(5)日光灯	6 个
(6)刀开关	1 个
(7)导线	若干

三、实训电路与原理

在三相电源供电系统中,电源相序的确定是极为重要的事情,因为只有相同相序的系统才能并联工作,三相电动机转子的旋转方向也完全取决于电源的相序,许多电力系统的测量仪表及继电保护装置也与相序密切相关。

确定三相电源相序的仪器称为相序指示器,它实际上是一个星形连接的不对称电路,一相中接有电容 C,另两相分别接入大小相等的电阻 R(比如两个相同的白炽灯泡),如图 4-8 所示。

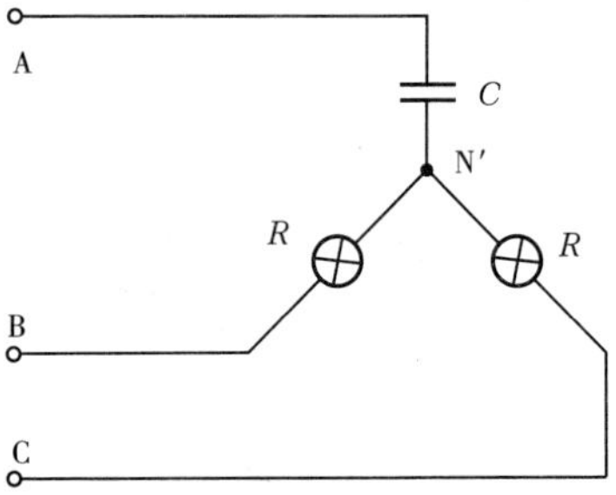

图 4-8　三相电源的相序确定原理图

如果把图 4-8 所示的负载电路接到对称三相电源上，且认定接电容的一相为 A 相，那么，其余两相中相电压较高的一相必定是 B 相，相电压较低的一相是 C 相。

三相负载的连接方式有：星形连接和三角形连接，原理图如图 4-9 所示。

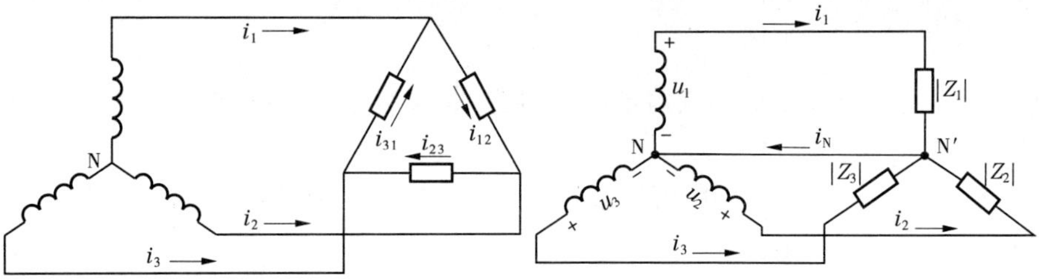

(a)三相负载的三角形连接　　(b)三相负载的星形连接

图 4-9　三相负载的连接

(一)三相负载的三角形连接

(1)当三相负载对称连接时，其线电流和相电流之间关系为 $I_L=\sqrt{3}I_P$，且线电流滞后相电流 30°。

(2)当三相负载作不对称三角形连接时，将导致两相的线电流、一相的相电流发生变化。

(二)三相负载的星形连接

(1)当三相负载作对称或不对称的星形连接有中线时，线电压与相电压均对称，且线电压等于$\sqrt{3}$倍的相电压($U_L=\sqrt{3}U_P$)，而且 U_L 超前 U_P 30°。

(2)当三相负载不对称又无中线连接时，将出现三相电压失衡现象，导致三相不能正常工作，为此必须有中线连接，才能保证三相负载正常工作。

(三)功率测量

三相功率的测量有一瓦表法、二瓦表法和三瓦表法。

(1)一瓦表法：就是用一块功率表一次测量三相负载的功率，这种方法只能测量有功功率，而不能测量无功功率，在此不再赘述。

(2)二瓦表法可适用于三相三线制电路的测量。

二瓦表法一般接线原则为：两只功率表的电流线圈分别串接入任意两条端线中，电流线圈的对应端必须接在电源侧。两只功率表的电压线圈的对应端必须各自接到电流线圈的任一端，而非对应端必须同时接到没有接入功率表电流线圈的第三条线上。

(3)三瓦表法适用于三相四线制的电路测量,即每相单独测量。

四、实训内容与步骤

(1)按图 4-10 搭建实训电路,每相负载由两只灯泡(220 V、40 W)并联而成。测量三相电路有中线、无中线情况下线电流、相电流、中线电流、线电压、相电压的数值,并记入表 4-14中。分别在对称负载、不对称负载(取走一个灯泡)和故障(一相断开)的情况下进行实验。

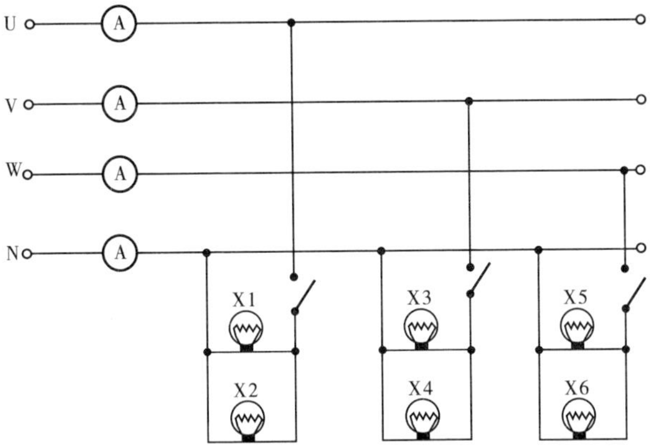

图 4-10　负载作星形连接

(2)按图 4-11 搭建实训电路,每相负载由两只灯泡(220 V、40 W)串联而成。测量三相电路的线电流、相电流、线电压、相电压的数值,并记入表 4-15 中。分别在对称负载、不对称负载(更换不同功率的灯泡)和故障(一相负载开路、U 相相线断开)的情况下进行实验。

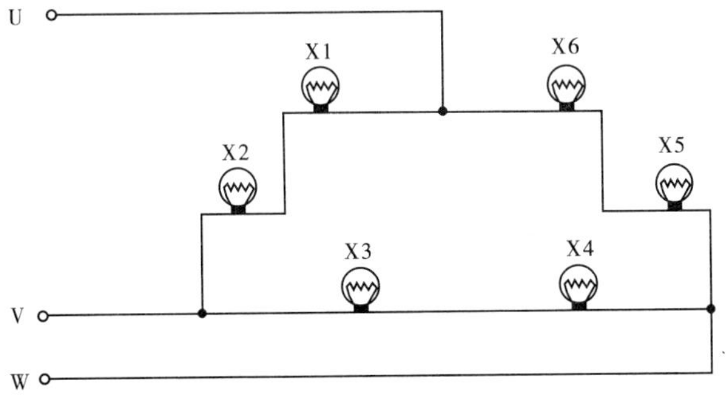

图 4-11　负载作三角形连接

(3)用二瓦表法测量负载三角形连接电路的有功功率和无功功率,并记录实验数据,填入表 4-16 中。有兴趣的同学可分别使用一瓦表法及三瓦表法进行测量并记录数据。

五、实训记录

将实验数据记入表 4-14 ~ 表 4-16。

表 4-14　负载作星形连接数据记录表

负载情况	中线	线电压			相电压			线电流			相电流			中线电流
		U_{UV}	U_{VW}	U_{WU}	U_U	U_V	U_W	I_U	I_V	I_W	I_{UV}	I_{VW}	I_{WU}	I_N
负载对称	有													
	无													
负载不对称	有													
	无													
一相开路	有													
	无													

表 4-15　负载作三角形连接数据记录表

负载情况	线电压			相电压			线电流			相电流		
	U_{UV}	U_{VW}	U_{WU}	U_U	U_V	U_W	I_U	I_V	I_W	I_{UV}	I_{VW}	I_{WU}
负载对称												
负载不对称												
一相负载开路												
U 相相线断开												

表 4-16　二瓦表法测量有功功率和无功功率记录表

测量方法	W_1	W_2	W_3	三相总有功功率	三相总无功功率
一瓦表法					
二瓦表法					
三瓦表法					

六、分析与思考

(1) 星形连接中,负载在什么情况下需要中线?中线上是否能安装熔断器和开关?

(2) 三角形连接中,负载对称与不对称时,灯泡的亮度有没有区别,为什么?

(3) 请画出星形连接对称负载的情况下电压、电流相量图。

(4) 请画出三角形连接对称负载的情况下电压、电流相量图。

(5) 比较总结一瓦表法、二瓦表法及三瓦表法的工作原理和适用范围。

项目五 Multisim 电工基础与仪表仿真实训

【学习目标】

1. 熟悉 Multisim 软件的基本操作;
2. 熟悉 Multisim 软件中相关元器件库;
3. 熟悉 Multisim 软件中相关仪器仪表;
4. 熟练使用 Multisim 软件创建实验与测量电路;
5. 会用 Multisim 软件的分析工具进行实训电路分析。

任务一 Multisim 的使用基础

一、实训目的

(1)初步了解 Multisim 软件的界面和基本操作。

(2)初步了解 Multisim 软件中相关元器件库。

(3)初步了解 Multisim 软件中相关仪器仪表。

(4)使用 Multisim 软件创建简单电路。

二、实训器材

(1)基本电路元件	数个
(2)测量仪表	数个

三、Multisim 简介

Multisim 是一款著名的电子设计自动化软件,具有强大的教学、科研和电路设计功能,与 Ultiboard 同属美国国家仪器公司(NI)的电路设计软件套件,被广泛地应用于电路教学、电路图设计以及 SPICE 模拟。

本书使用该软件来进行电工基础及仪表的仿真训练,仅对相关的内容稍作展开介绍,详细的软件使用请参阅有关帮助文档和技术资料。在实训过程中,如果遇到软件使用的问题,可参考本书附录、帮助文档、相关教程或询问指导教师。为便于迅速熟悉软件的使用,本书将常用菜单、元器件库、仪表的中英文对照以及基本操作放在附录中,以供实训中查阅。

四、实训步骤

(1)打开 Multisim 软件,熟悉软件的基本操作。

(2)建立几个简单电路,接入常用的仪表并运行,查看结果。

(3)参考图5-1所示简单小灯泡电路,在指导老师和附录的帮助下,创建该电路,并进行适当的小组讨论分析。

(4)在电路中调节各参数,观察实验现象。

(5)尝试建立一个验证直流欧姆定律的电路。

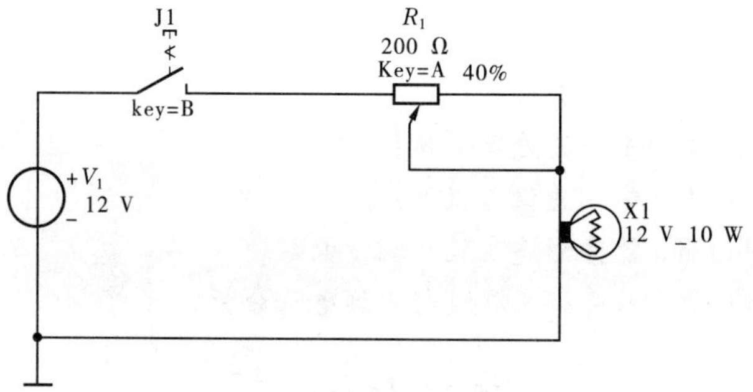

图5-1 简单小灯泡电路

五、分析与思考

(1)小结基本的元件放置与连线操作。

(2)小结更改元件参数、改变位置或方向的方法。

(3)说出几个软件仿真实验的优点。

任务二 直流电阻电路的测量与基本定理的验证

一、实训目的

(1)进一步了解 Multisim 软件的界面和基本操作。

(2)熟悉 Multisim 软件中相关元器件库。

(3)熟悉 Multisim 软件中相关仪器仪表。

(4)会使用 Multisim 软件创建直流电路。

(5)会使用电压、电流表及万用表等测量电路基本物理量。

二、实训器材

(1)直流电压源	数个
(2)直流电流源	数个
(3)万用表	数个
(4)电压表	数个
(5)电流表	数个
(6)欧姆表	数个

(7)电阻　　数个

(8)开关　　数个

三、实训原理及实训电路

直流线性稳态电路中，我们最初学习的核心内容为参考方向、关联参考方向、功率、电阻串并联、欧姆定律、基尔霍夫电压电流定律。请复习相关知识点。实训电路如图5-2所示。

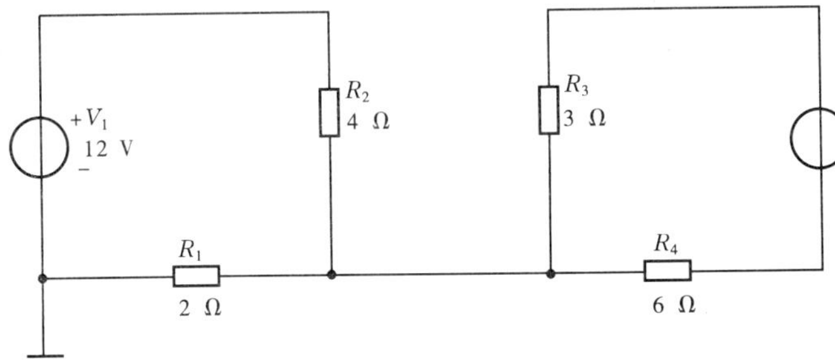

图5-2　待测直流电阻电路

四、实训步骤

(1)进一步熟悉软件的基本操作。

(2)建立图5-2所示电路。

(3)练习仪表接入的方法。

(4)找出图5-2中的参考接地点用O标注，并将其他节点分别用A、B、C、D标出。接入仪表测量电位，经计算或测量后，填写表5-1。

表5-1　实训记录表

节点电位及两点间电压	V_A	V_B	V_C	V_D	U_{AB}	U_{AC}	U_{AD}	U_{BC}	U_{BD}	U_{CD}
测量值										
计算值(两点间电压等于两点电位之差)										

(5)接入电流表，测量各支路电流。

(6)从电工基础类教材中找到一个计算题电路(含计算结果)，建立电路图并用实验的方法来验证结果。

五、分析与思考

(1)试说明参考方向和测量表笔、符号、实际电量的关系。

(2)说明电位和电压的关系。如在图5-2上更换接地位置和节点符号，再填写表5-1，试分析结果。

(3)图5-2中连接左右两个回路的中间导线电流值是多少？为什么会出现这种情况？

任务三　直流电路叠加定理的验证

一、实训目的

(1)熟悉 Multisim 软件的界面和基本操作。
(2)验证叠加定理。
(3)熟练使用 Multisim 软件中相关仪器仪表。
(4)熟练使用 Multisim 软件创建电路。

二、实训器材

(1)直流电压源	1 个或数个
(2)直流电流源	1 个或数个
(3)万用表	1 个或数个
(4)电阻	2 个或数个
(5)开关	数个

三、实训原理及实训电路

叠加定理告诉我们,对于直流线性稳态电路,两个独立电源共同作用于某一条支路产生的响应,其结果等于两个独立电源单独作用所产生的响应之和。

实训电路如图 5-3、图 5-4 所示。

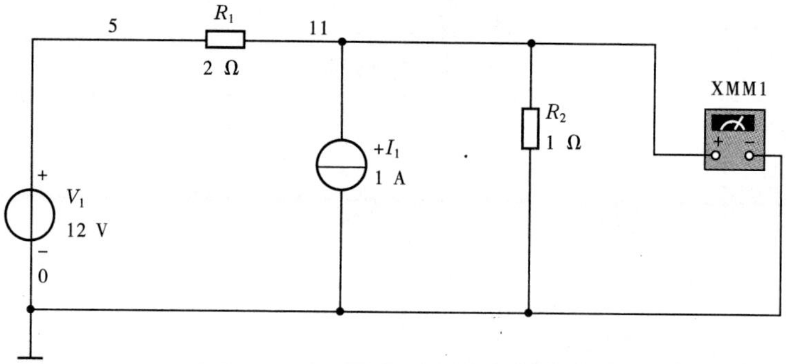

图 5-3　叠加定理验证的基本电路图

四、实训步骤

(1)进一步熟悉软件的基本操作。
(2)建立图 5-3 所示电路并运行,查看结果。
(3)仔细对图 5-3 和图 5-4,做一个"找不同"的游戏,注意不同的地方不止一处。
(4)在实训电路中练习表单属性(Sheet Properties)修改,看看变化的结果。
(5)记录两个电源单独作用时的结果,填入表 5-2,与原电路结果对比是否符合叠加定理。

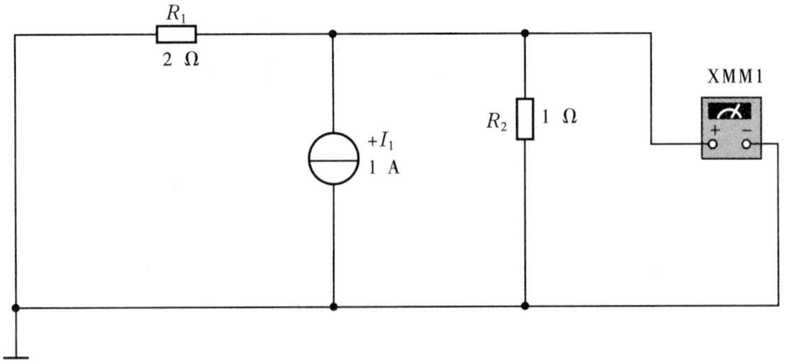

图 5-4 电流源单独作用电路图

表 5-2 实训记录表

待测电量	V_1 单独作用	I_1 单独作用	共同作用	计算值	是否符合叠加定理
R_1 支路电压					
R_1 支路电流					
R_2 支路电压					
R_2 支路电流					

(6)尝试建立一个验证直流欧姆定律的电路。

五、分析与思考

(1)如何让自己的电路图纸更具个性？怎么处理共性和个性的关系？
(2)两个电源单独作用实现的方法不止一个，大家都是如何做的？哪种更好？
(3)再体会一下软件仿真实训的优点。

任务四 直流电路网孔电流分析

一、实训目的

(1)求解双孔电路的网孔电流。
(2)根据网孔电流值确定每条支路的电流，并比较测量值与计算值。
(3)熟练使用 Multisim 软件中相关仪器仪表。
(4)熟练使用 Multisim 软件创建电路。

二、实训器材

(1)直流电压源 2 个
(2)电流表 3 个

(3) 10 Ω 电阻　　　　　　　　　3 个

三、实训原理及实训电路

由直流电路基本定律导出网孔电流方程，相关知识点复习电工基础与仪表有关教材。其基本做法是：

(1) 标注网孔电流（下标和流向）。

(2) 根据方程列写规则写方程。

(3) 联立方程求解网孔电流。

(4) 由网孔电流求解待求电量。

实训电路图如图 5-5 所示。

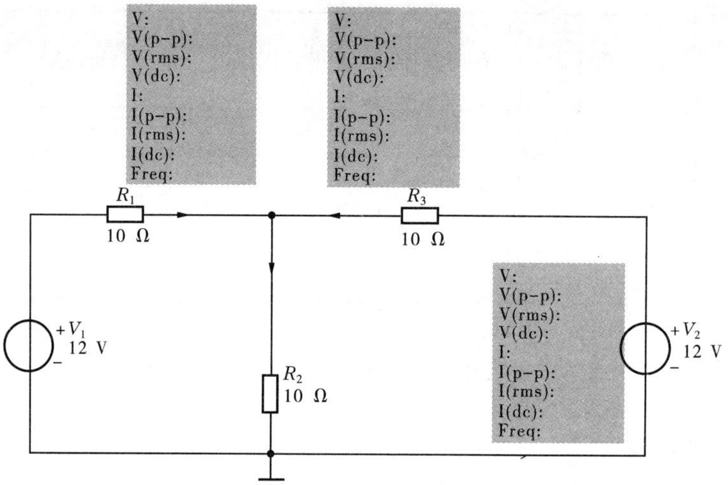

图 5-5　使用探针测量电流双孔实训电路

四、实训步骤

(1) 建立图 5-5 所示使用探针测量电流双孔实训电路。

(2) 标注三个探针上的电流，运行电路，查看结果，记入表 5-3。

(3) 用网孔电流法求解电路，并与测量值对比分析。

表 5-3　实训记录表

在图 5-5 中标注支路电流并填入右栏			
各支路电流测量值			
在图 5-5 中标注网孔电流并填入右栏			
各网孔电流计算值			
网孔电流与支路电流之间的关系式			

五、分析与思考

(1) 测量值与计算值的比较情况如何？

(2)说明网孔电流与支路电流的区别。

(3)你能按上述实训思路进行节点法的分析吗?

任务五 阻容充放电电路分析

一、实训目的

(1)充电时电容器两端电压的变化为时间函数,画出充电电压曲线图。

(2)放电时电容器两端电压的变化为时间函数,画出放电电压曲线图。

(3)电容器充电电流的变化为时间函数,画出充电电流曲线图。

(4)电容器放电电流的变化为时间函数,画出放电电流曲线图。

(5)测量 RC 电路的时间常数并比较测量值与计算值。

(6)研究 R 和 C 的变化对 RC 电路时间常数的影响。

二、实训器材

(1)示波器	3 台
(2)直流电源	1 个
(3)信号发生器	2 台
(4)电容	2 个
(5)电阻	2 个
(6)开关	1 个

三、实训原理及实训电路

在电容器充电、放电过程中电压和电流都会发生变化,只要在充电或放电曲线图上确定产生总量变化 63% 所需要的时间,就能测出时间常数。

用电容器充电电压曲线图测量时间常数的另一种方法是,假定在整个充电期间电容器两端的电压以初充电时的速率持续增加,当增大到充满电的电压值时,这个时间间隔就等于时间常数。或者用电容器放电电压曲线图来测量,假定在整个放电期间电容器两端的电压以初放电时的速率持续减少,当减少到零时,这个时间间隔也等于时间常数。

实训电路图如图 5-6、图 5-7 所示。

四、实训步骤

(1)建立图 5-6、图 5-7 所示阻容充放电实训电路。

(2)用鼠标左键单击仿真开关,激活如图 5-7 所示的实训电路,双击示波器图标弹出其面板,观察和记录示波器的波形,在 $U—t$ 坐标上画出电容电压随时间变化的曲线图。注意开关的使用。

(3)根据实训电路所示的 R、C 元件值,计算 RC 电路的时间常数 τ。

(4)在图 5-7 所示的实训电路中,按右图设置信号发生器。

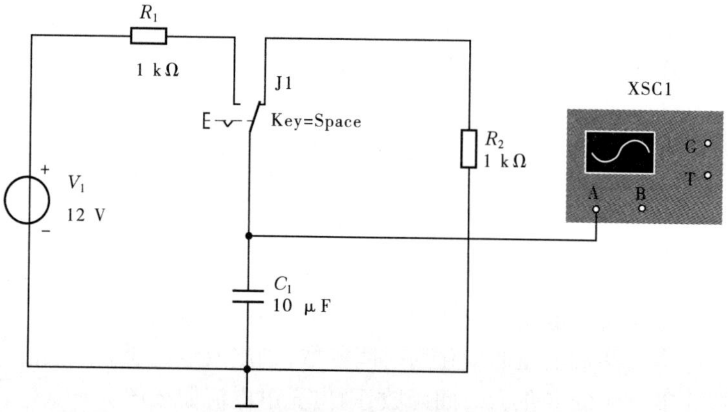

图 5-6　阻容充放电测量电路一

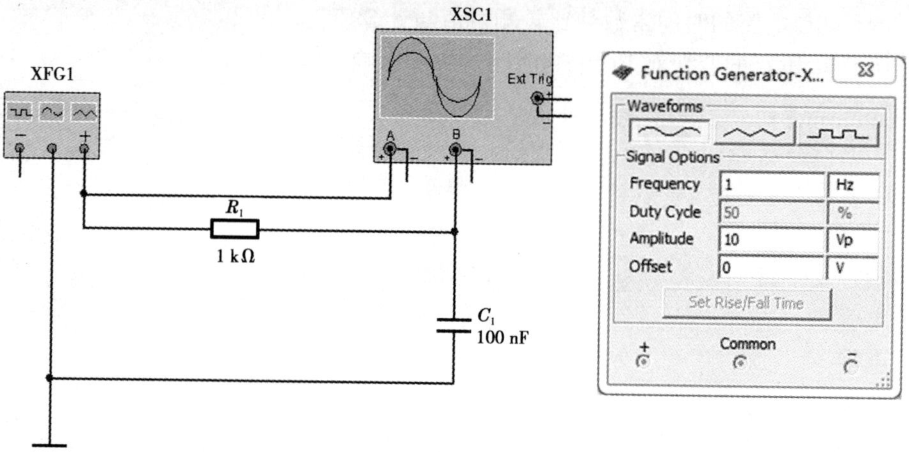

图 5-7　阻容充放电测量电路二

(5)用鼠标左键单击仿真开关,激活如图 5-7 所示的实训电路,双击示波器图标弹出其面板,观察和记录示波器的波形,在 U—t 坐标上画出电容电压随时间变化的曲线图。

(6)根据 R_1 的电阻值和曲线图的电压读数,计算开始充电时的电容电流 I_C。

(7)根据 R_1 的电阻值和曲线图的电压读数,计算开始放电时的电容电流 I_C。

(8)用曲线图测量 RC 电路的时间常数 τ。

(9)将 R 改为 2 kΩ,单击仿真电源开关,激活电路进行动态分析,重复上述过程。

五、分析与思考

(1)在步骤(2)中,当充满电后电容器两端的电压有多大? 与电源电压比较情况如何? 放完电后电容器两端的电压是多少?

(2)在步骤(2)、(3)中,时间常数 τ 的测量值与计算值比较情况如何?

(3)充满电后流过电容器的电流是多少?

(4)改变电阻 R 和改变电容 C 对时间常数有什么影响?

(5)两个实训电路分别是基于什么原理实现时间常数的测定的?

任务六　交流电路的功率和功率因数

一、实训目的

(1)测定 RC 串联电路的有功功率、无功功率、视在功率和功率因数。
(2)测定 RL 串联电路的有功功率、无功功率、视在功率和功率因数。
(3)测定 RLC 串联电路的有功功率、无功功率、视在功率和功率因数。
(4)确定 RL 串联电路提高功率因数所需要的电容。

二、实训器材

(1)功率表	数个
(2)交流电流表	1 个
(3)交流电压表	3 个
(4)电感	1 个
(5)电容	2 个
(6)电阻	2 个
(7)交流信号源	1 个

三、实训原理及实训电路

工程上对交流电路常用电压表、电流表和功率表(或功率因数表)相配合测量电压 U、电流 I 和有功功率 P(或功率因数 $\cos\varphi$)值，Multisim 软件提供的功率表既可以测量有功功率，也可以测量功率因数 $\cos\varphi$。

在 RL、RC 或 RLC 交流电路中只有电阻才消耗有功功率 P，电感或电容是不消耗功率的。电感和电容中的功率为无功功率 Q。

实训电路如图 5-8 所示。

四、实训步骤

(1)根据图 5-8 所示功率因数的提高电路，分别建立 RC、RL 和 RLC 电路，注意充分利用软件的复制功能。

(2)根据实训要求，添加合适的测量设备后，用鼠标左键单击仿真开关，激活实训电路，进行动态分析，记录总电流有效值、电感两端的电压有效值及网络两端的总电压有效值。

(3)根据步骤(2)的读数，计算电路的有功功率 P、无功功率 Q 和视在功率 S。

(4)由以上算得的有功功率 P、无功功率 Q 和视在功率 S 作出功率三角形，并确定 RC、RL、RLC 网络的功率因数 $\cos\varphi$。

(5)观测记录功率表显示的有功功率值和功率因数 $\cos\varphi$，并与步骤(4)的计算值进行比较。

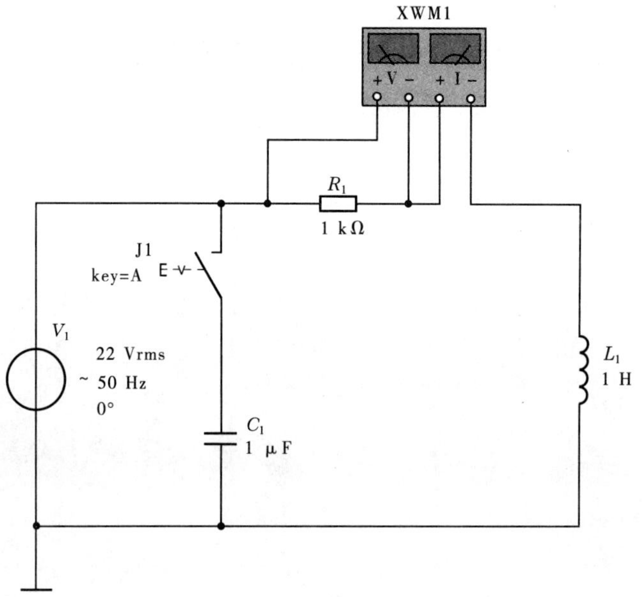

图 5-8　功率因数的提高

请自行设计记录表格并填写。

五、分析与思考

(1)分析各电路电压、电流间的相位关系。

(2)说明功率因数提高的意义。

(3)说明电路采用的功率因数提高方法及与日光灯电路的关系。

任务七 Multisim 软件的综合运用

一、实训目的

(1)利用 Multisim 软件校验电路计算。
(2)利用 Multisim 软件学习新知识点。
(3)利用 Multisim 软件进行问题分析。
(4)利用 Multisim 软件进行简单设计。

二、电路计算的校验

电工基础与仪表通常是本专业开设的第一门专业基础课,我们将在该课程中学习电路的基本原理和分析计算。一般来说,对于电路所有的计算过程,我们都可以用 Multisim 软件来进行校验,方法是将计算电路搬到软件里,需要计算的地方放入合适的探针或虚拟仪表,运行电路查验示数即可。注意参数的对应、参考方向的对应并加入接地。

三、新知识点学习和问题分析

可以说 Multisim 软件是电气类专业、信息类专业、电子类专业等进行学习的一把利器,特别是对于专业基础课,如电路基础、数字电子技术、模拟电子技术等课程来说,很好地利用本软件,可以有效地提高学习效率,加深对知识点的认识,帮助完成分析计算等,通过前六个任务的学习,相信同学们已经学会用本软件来进行新知识点的学习了。在专业基础课的学习过程中,任课教师常常会提出一些问题,我们也常常会有一些疑问,用 Multisim 软件来帮助分析、解决问题是一种有效的方式。

比如:学习交流电路时,我们常用直流电路的相关内容来进行比较分析,如果我们已经很熟悉本软件在直流电路分析中的应用,那么对于交流电路的电量测量就比较容易上手,也很容易参照直流电路实训内容来完成更为复杂的交流电路分析。

再如:对于三相交流电路而言,关于电压、电流间的相位关系,三相电源间的相位关系等,我们可以轻松地建立有关电路,从示波器上查看动态波形,形象直观,从而可以加深对知识点的认识。

四、简单设计

专业学习的过程不仅局限于课堂之上,由于仿真软件的作用,我们可以"把实验室搬进电脑",随时进行学习。特别是在专业课程学习过几门之后,我们需要有一定的设计实验和设计简单电路等的能力。这里,只作简要介绍。

比如:在三相电路的学习过程中,对于三相正序、负序的检验,有关于鉴相器的相关知识。如果我们也做一个鉴相器,比较好的办法是把想法变成实验,把实验搬进电脑。试着进行一个鉴相器的实验设计,表格如下:

一、实训(实验)目的
二、实训(实验)器材
三、实训(实验)原理与实训(实验)电路
四、实训(实验)步骤
五、分析与思考

五、实训练习题

(1)将一道理论计算作业题的电路用软件仿真,校验计算结果是否正确。

(2)如何利用软件画出标准的正弦电压或电流图形?

(3)如何用两个功率表来完成三相功率的测量?填写上表,并完成仿真。

(4)用电容和灯泡来实现一个鉴相器,填写上表,并给出判别方法。

附　录

附录一　Multisim 菜单、元件库中英文对照列表

一、Multisim 菜单中英文对照

【File】　文件
New　新建文件
Open　打开文件
Close　关闭文件
Save　保存
Save As　保存为
New Project　新建工程
Open Project　打开工程
Save Project　保存工程
Close Project　关闭工程
Version Control　版本控制
Print Circuit　打印电路图
Print　打印
Print Preview　打印预览
Print Circuit Setup　打印电路设置
Print Reports　打印报表
Bill of Materials　元件清单
Database Family List　元件库列表
Component Detail Report　元件详细资料
Print Instruments　打印仪表结果
Print Setup　打印机设置
Recent Files　最近的文件
Recent Projects　最近的工程
Exit　退出

【Edit】　编辑
Undo　撤销

Cut　剪切
Copy　复制
Paste　粘贴
Delete　删除
Select All　全选
Flip Horizontal　水平翻转
Flip Vertical　垂直翻转
90 Clockwise　顺时针 90°旋转
90 CounterCW　逆时针 90°旋转
Update Subcircuits Symbols　更新子电路符号
Renumber Components　元件重新编号
Component Properties　元件属性

【View】　窗口显示
Toolbars　工具栏
Component Bars　元件库
Project Wordspace　工程工作区域
Status Bar　状态栏
Show Simulation Error/Audit Trail　显示仿真错误记录/检查仿真界面
Show XSpice Command Line Interface　显示 XSpice 命令行界面
Show Grapher　显示图表
Show Simulate Switch　显示仿真开关
Show Text Description Box　显示文本描述框
Show Grid　显示栅格
Show Page Bounds　显示纸张边界
Show Title Block and Border　显示标题栏和边界
Zoom In　放大
Zoom Out　缩小
Find　查找

【Place】　放置
Place Component　放置元件
Place Junction　放置节点
Place Bus　放置总线
Place Input/Output　放置输入/输出端
Place Hierarchical Block　放置层次模块电路
Place Text　放置文本
Place Text Description Box　放置文本描述框

Replace Component 替换元件
Place Subcircuit 放置子电路
Replace by Subcircuit 用子电路替代

【Simulate】 仿真
Run 运行
Pause 暂停
Default Instrument Settings 默认仪表设置
Digital Simulation Settings 数字仿真设置
Instruments 选择仿真仪表
Multimeter 数字万用表
Function Generator 函数信号发生器
Wattmeter 功率计(瓦特计)
Oscilloscope 双踪示波器
Bode Plotter 波特图示仪(与扫频仪类似)
Word Generator 字信号发生器(数字电路用)
Logic Analyzer 逻辑分析仪(数字电路用)
Logic Converter 逻辑转换仪(数字电路用)
Distortion Analyzer 失真度分析仪
Spectrum Analyzer 频谱分析仪
Network Analyzer 网络分析仪
Analyses 选择分析方法
DC Operating Point 直流工作点分析
AC Analysis 交流分析
Transient Analysis 瞬态分析
Fourier Analysis 傅里叶分析(频谱分析)
Noise Analysis 噪声分析
Distortion Analysis 失真分析
DC Sweep Analysis 直流扫描分析
Sensitivity Analysis 灵敏度分析
Parameter Sweep Analysis 参数扫描分析
Temperature Sweep Analysis 温度扫描分析
Pole Zero Analysis 极点—零点分析
Transfer Function Analysis 传输函数分析
Worst Case Analysis 最坏情况分析
Monte Carlo Analysis 蒙特卡罗分析
Trace Width Analysis 线宽分析
Stop Analysis 停止分析

RF Analyses　射频分析
Postprocessor　后处理器
VHDL Simulation　VHDL 仿真
Verilog HDL Simulation　Verilog HDL 仿真
Auto Fault Option　自动设置电路故障
Global Component Tolerances　全局元件容差设置

【Transfer】　文件输出
Transfer to Ultiboard　传送给 Ultiboard
Transfer to other PCB Layout　传送给其他 PCB 软件
Backannotate from Ultiboard　修改 Ultiboard 注释文件
Export Simulation Results to MathCAD　仿真结果输出到 MathCAD
Export Simulation Results to Excel　仿真结果输出到 Excel
Export Netlist　输出网表

【Tools】　工具
Create Component　创建元件
Edit Component　编辑元件
Copy Component　复制元件
Delete Component　删除元件
Database Management　元件库管理
Update Components　升级元件
Remote Control/Design Sharing　远程控制/设计共享
EDAparts. com　连接 EDAparts. com 网站

【Options】　选项
Preferences　参数选择
Circuit　电路
Workspace　工作区域
Wiring　连线
Component Bin　元件相关项
Font　字体
Miscellaneous　杂项
Modify Title Block　修改标题栏内容
Global Restrictions　全局限制设置
Circuit Restrictions　电路限制设置

【Window】 窗口
Cascade 层叠
Tile 平铺
Arrange Icons 重排图标

【Help】 帮助
Multisim Help 帮助主题目录
Multisim Reference 帮助主题索引
Release Notes 版本注释
About Multisim 关于 Multisim
In Use List 正在使用的元件清单

二、Multisim 元件库名称中英文对照

1. Source:信号源库,包括电源、信号电压源、信号电流源、可控电压源、可控电流源、函数控制器件 6 个类。

2. BASIC:基础元件库,包含基础元件,如电阻、电容、电感、二极管、三极管、开关等。

3. Diodes:二极管库,包含普通二极管、齐纳二极管、二极管桥、变容二极管、PIN 二极管、发光二极管等。

4. Transisitor:三极管库,包含 NPN、PNP、达林顿管、IGBT、MOS 管、场效应管、可控硅等。

5. Analog:模拟器件库,包括运放、滤波器、比较器、模拟开关等模拟器件。

6. TTL:TTL 型数字电路库,如 7400、7404 等门电路。

7. COMS:COMS 型数字电路库,如 74HC00、74HC04 等 MOS 管电路。

8. MCU Model:MCU 模型库,Multisim 的单片机模型比较少,只有 8051 PIC16 的少数模型和一些 ROM、RAM 等。

9. Advance Periphearls:外围器件库,包含键盘、LCD 和一个显示终端的模型。

10. MIXC Digital:混合数字电路库,包含 DSP、CPLD、FPGA、PLD、单片机 - 微控制器、存储器件、一些接口电路等数字器件。

11. Mixed:混合库,包含定时器、AC/DA 转换芯片、模拟开关、震荡器等。

12. Indicators:指示器库,包含电压表、电流表、探针、蜂鸣器、灯、数码管等显示器件。

13. Power:电源库,包含保险丝、稳压器、电压抑制、隔离电源等。

14. Misc:混合库,包含晶振、电子管、滤波器、MOS 驱动和其他一些器件等。

15. RF:射频器件库,包含一些 RF 器件,如高频电容电感、高频三极管等。

16. Elector Mechinical:电子机械器件库,包含传感开关、机械开关、继电器、电机等。

三、操作常用快捷键

New 提供一个空白窗口以建立一个新文件命令(快捷键 Ctrl + N)
Open 打开一个 *. msm、*. ewb 或 *. utsch 等格式的文件命令(快捷键 Ctrl + O)

Save　将当前工作电路以 *. msm 的格式存盘命令(快捷键　Ctrl + S)
Undo　撤销命令(快捷键　Ctrl + Z)
Cut　剪切命令(快捷键　Ctrl + X)
Copy　复制命令(快捷键　Ctrl + C)
Paste　粘贴命令(快捷键　Ctrl + V)
Delete　删除命令(快捷键　Del)
Select All　全部选中命令(快捷键　Ctrl + A)
Flip Horizontal　水平翻转命令(快捷键　Alt + X)
Flip Vertical　垂直翻转命令(快捷键　Alt　+ Y)
90 Clockwise　顺时针旋转 90°命令(快捷键　Ctrl + R)
90 CounterCW　逆时针旋转 90°命令(快捷键　Shift + Ctrl + R)
Component Properties　修改元器件的参数、标签命令(快捷键　Ctrl + M)
Show Grapher　显示图表命令(快捷键　Ctrl + G)
Show Text Description Box　显示文本描述框命令(快捷键　Ctrl + D)
Zoom In　放大观看电路图命令(快捷键　F8)
Zoon Out　缩小观看电路图命令(快捷键　F9)
Find　查找元器件命令(快捷键　Ctrl +　F)
Place Component　放置元器件命令(快捷键　Ctrl + W)
Place Junction　放置节点命令(快捷键　Ctrl + J)
Place Bus　放置总线命令(快捷键　Ctrl + U)
Place Input/Output　放置输入/输出端口命令(快捷键　Ctrl + I)
Place Hierarchical Block　放置层次模块命令(快捷键　Ctrl + H)
Place Text　放置文字命令(快捷键　Ctrl + T)
Place Text Description Box　放置文本描述框命令(快捷键　Ctrl + D)
Place as Subcircuit　放置子电路命令(快捷键　Ctrl + B)
Place by Subcircuit　子电路替换命令(快捷键　Ctrl + Shift + B)
Run　开始仿真命令(快捷键　F5)
Pause　暂停仿真命令(快捷键　F6)
Multisim Help　帮助文件(快捷键　F1)

四、Multisim 虚拟仪器中英文对照

Multimeter　数字万用表
Function Generator　函数信号发生器
Wattmeter　瓦特表
Ocilloscope　示波器
Bode Plotter　波特图仪
Word Generator　数字信号发生器
Logic Analyzer　逻辑分析仪
Logic Converter　逻辑转换器

Distortion Analyzer　失真度分析仪
Spectrum Analyzer　频谱分析仪
Network Analyzer　网络分析仪

附录二　Multisim 基本操作

一、电路创建基础

(一)元器件的操作

(1)在 Multisim 的编辑窗口下,首先在元器件库栏中用鼠标单击包含该元器件的元器件库的图标,打开该元器件库对话框。如附图 2-1 显示的是电阻库的对话框。

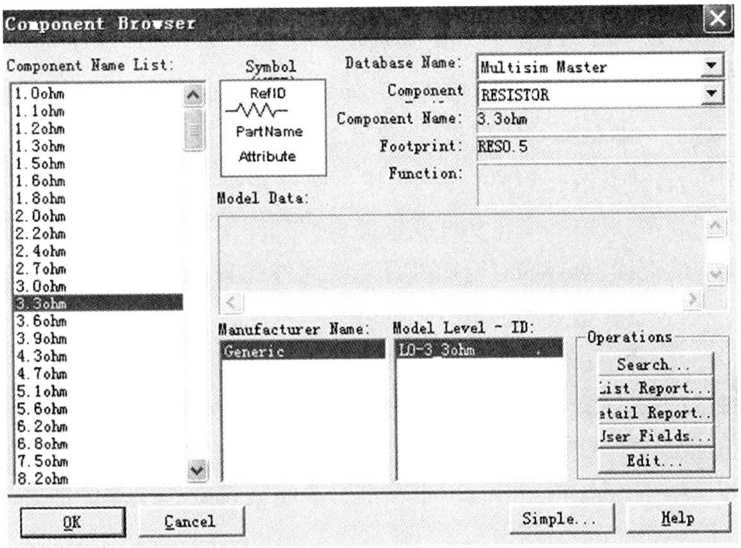

附图 2-1　放置元器件窗口

(2)从 Component Name List(元器件名字列表)中选出想要的元器件,找到所需元器件之后,点击 OK 键,该元器件即被调入电路图中。此时该元器件随光标移动,移至合适位置时,点击鼠标左键即在该位置放置一个元件。

(3)如果想要放置同样的元器件,只要选中该元器件,用复制命令复制,然后用粘贴命令粘贴,就会出现该元器件随光标移动,移至合适位置时,点击鼠标左键即在该位置放置一个相同的元器件。

(4)为了使电路便于连线、图形整齐,需要对元件进行调整,如移动、旋转等。这些都可以利用菜单或工具栏中相应的选项进行。但是首先必须选中要调整的元器件,用鼠标指向该元件,点击左键即可激活该元件。若再选第二个、第三个……可以按住 Shift,单击鼠标左键即可激活多个元件,也可以用鼠标移动到电路的左上角,按鼠标左键拉到电路图的右下角形成一个单线框,松开鼠标左键则电路图的全部元件被激活。

(5)如果想删除一个元器件,可用鼠标选中该元件,然后点击 Edit 菜单命令 Delete 即可删除,也可用键盘上的 Delete 键删除。

(二)连接电路图和节点名设置

1. 连接电路图

连接两个元件:用鼠标指向一个元件的一个连接端使之出现一个黑点,然后按下鼠标左键拖动使连线出现,将连线拖到另一个元件的连接端,当该连接端出现一个黑点时放开鼠标左键,则两个连接端之间自动接上一条导线。

连接两条导线:先在一条导线上插入连接点(可在元件库中找到),然后用鼠标指向该连接点,按下鼠标左键拖动使连线出现,将连线拖到另一条导线,当在导线上出现黑点时放开鼠标左键,则两条导线之间自动接上一条连线。

在导线上插入元件:从打开的元件库中拖动元件到工作区中的导线上,使元件两个连接端与导线重合,放开鼠标左键即可。注意,当导线长度较短时将无法在其上插入元件,这时可先将导线拉长,插入元件后再将其缩短。

导线的改动与删除:首先移动鼠标到该元件的管脚,当出现一个黑点后按住鼠标左键移动鼠标,则导线的一端和该元件脱离,若将其删除,松开鼠标左键(或用鼠标指向该连线按 Del 键)即可;若将其改接到别的元件,按下鼠标左键移动鼠标,使导线和元器件脱离,和其他元器件连接。注:如果将元件或仪器拖回到库中则相应的连线自动断开;如果将仪器删除,相应的连线也自动断开;如果将二端元件删除,连线继续保留并将该元件用短路替代。

导线接入方向的调整:在连接第三个元件时可能会出现连线不规范的显示,主要是连线的接入点不合适,改变接入点即可。

导线颜色的设置:导线的颜色有七种,可以为复杂电路的导线加上不同的颜色,有利于电路图形的识别。用鼠标指向导线双击左键则会出现设置选项对话框,按颜色按钮选择颜色。

节点的使用:节点连接导线只能是上、下、左、右四个方向连接。在连接元件时,若是T 型连接则在 T 型的节点上自动加上节点,或在十字型交叉点上用鼠标拖出节点加上,然后根据需要加上标识和编号。

2. 节点名设置

选中两个元器件之间的连接线,双击即可出现设置变量名称对话框,如附图 2-2 所示。输入变量名称即可。

(三)元器件参数编辑

当元器件放好后,有些器件需要定义模型,如三极管、二极管等,有些元器件的参数可能不符合电路的要求,则用鼠标指向需要修改的元件,双击鼠标左键会出现一个参数对话框。如附图 2-3 是电阻 R2 的参数编辑页面。

现介绍图中常见的选项。

标号(Label):图中的参考 ID 编号是系统自动分配的,必要时也可以修改,但不能有重号。标号项可以随意设置,显示时参考 ID 值依然存在,如自动分配的编号是 R1,用户

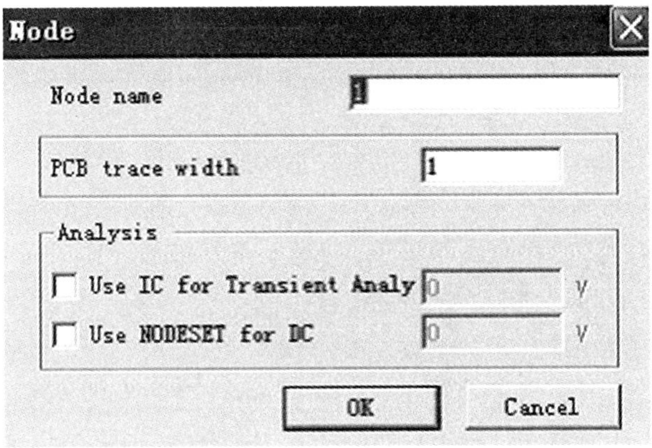

附图 2-2　设置节点名称

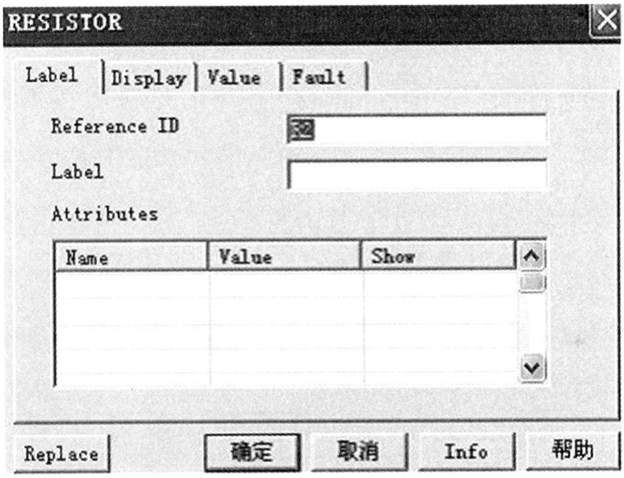

附图 2-3　R2 的参数编辑页面

设置的标号是 A，在电路中将显示 A。

显示(Display)：该选项主要是设置显示内容。包括显示标号、模型、参考 ID 编号，该对话框设置的是使用原理图选项(Schematic Options)共用设置，显示方式由电路图选项的设置决定，否则可由对话框中的三个选项决定。

数值(Value)：在选择数值选项后，输入数值再输入单位，可以用鼠标单击单位栏右边的上、下三角，改变所需要的单位值。

故障(Fault)：此选项可以人为设置元器件的故障(隐含)用于仿真实际电路，共有四种选择：泄漏(Leakage)，即在选定元件的两个管脚之间接上一个电阻使电流被旁路；短路(Short)，即在选定元件的两个管脚之间接上一个小电阻使电流被短路；开路(Open)，即在选定元件的两个管脚之间接上一个大电阻使电流被开路；无故障(None)，即默认状态。

模型(Model)：当元器件是二极管、三极管等时，还需要选择器件模型。首先要选择库，再选择该库的模型，确定之后该器件才能使用。在选择具体的模型时，一般可选择理想模型，也可以根据要求选择具体的模型。有时为了分析电路还需要进一步设置一些参数，如修改三极管的放大倍数等，用鼠标左键单击编辑键又会出现一个选项对话框，通过改变放大倍数项(Forward Current Gain Coefficient)的参数即可。

分析设置(Analysis Setup):该选项对话框用于设置电路工作温度等有关参数。如果输入的是逻辑门图标库中的元器件,则会有相应的选项对话框,允许选择编号,改变输入管脚数,如果器件是二输入与门,可以选择3,使其成为三输入门。

网格(Grid)、显示/隐藏(Show/Hide)、字体(Fonts):在画好的电路图中,元器件的参数、颜色等项内容有时需要在电路中显示,有时不需要显示。用菜单栏电路/原理图选项(Circuit/Schematic Options)进行设置网格、显示/隐藏、字体三项内容。网格选项对话框有显示栅格和使用栅格两种,如果设置了显示栅格则屏幕会有栅格,否则屏幕没有栅格;显示/隐藏选项对话框中的内容设置了(如标号、标称值等),则屏幕会显示其内容,否则屏幕没有显示;字体选项对话框用于设置显示标号和标称值的字体、字号、颜色等。

以上介绍的元件参数的设置,可以在布局之前、之中、之后进行。

(四)创建子电路

子电路是由用户自己定义的一个电路,可存放在自定义元器件库中供电路设计时反复调用。利用子电路可使大型、复杂系统的设计模块化、层次化,从而提高设计效率与设计文档的简捷性、可读性,实现设计的重用,缩短产品的开发周期。

Place 操作中的子电路(Replace by Subcircuit)菜单选项,可以用来生成一个子电路。

首先在电路工作区连接好一个电路,如附图 2-4 所示的一个多谐振荡器电路。

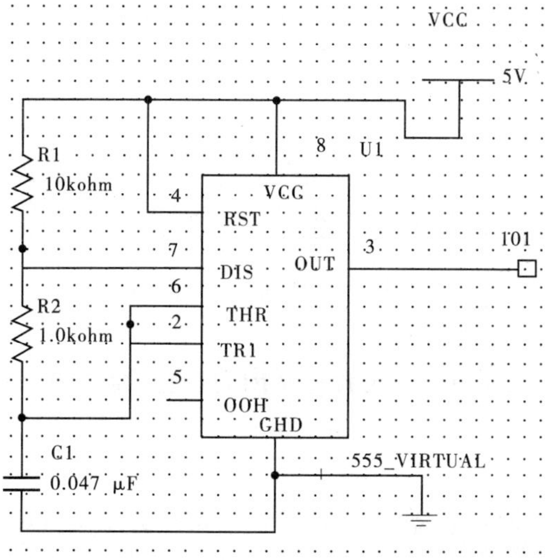

附图 2-4　多谐振荡器电路

然后用拖框操作将电路选中,这时框内元器件全部选中,用鼠标单击 Place 菜单下的 Replace by Subcircuit 选项,即出现子电路对话框,如附图 2-5 所示。

输入电路名称如 dxzdq(这里名称只能使用字母)后,单击 OK 按钮,生成了一个子电路图标,如附图 2-6 所示。用鼠标单击 File 菜单下的 Save 选项,可以保存生成的子电路。

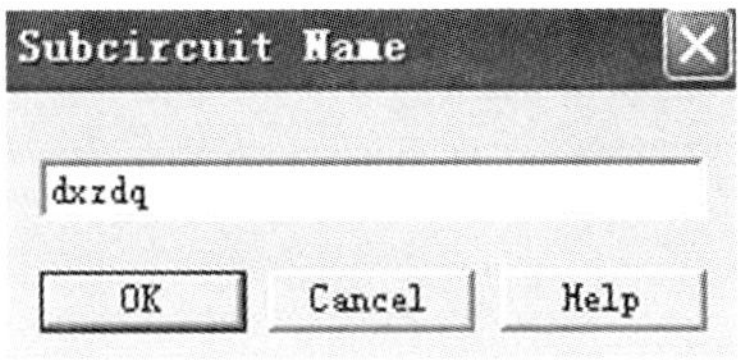

附图 2-5 子电路对话框

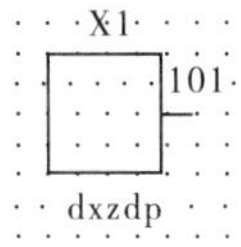

图 2-6 生成的子电路

二、虚拟仪器的使用

虚拟仪器是一种具有虚拟面板的计算机仪器，主要由计算机和控制软件组成。操作人员通过图形用户界面用鼠标或键盘来控制仪器运行，以完成对电路的电压、电流、电阻及波形等物理量的测量。虚拟仪器与实际的仪器仪表的操作非常相似，这使仿真实验的操作非常方便，也更加直观。由于虚拟仪器的功能软件化了，所以价格低廉，使用灵活方便，平时不用维护，几乎不会损坏。即使坏了，把控制软件重新安装一遍，便可马上恢复使用。

使用虚拟仪器的基本方法是：用鼠标单击虚拟仪器库，选中使用的仪器图标，拖放到试验电路工作区；把仪器的接线端与电路连接起来，在连接电路时，仪器是以图标的方式存在的；鼠标左键双击连接在电路中的仪器图标即可打开仪器的面板，设置有关仪器参数；打开仿真电源开关后，可测试数据或观察波形。

（一）数字万用表

数字万用表的虚拟面板如附图 2-7 所示，这是一种四位数字万用表。面板上有一个数字显示窗口和 7 个按钮，它们分别为电流（A）、电压（V）、电阻（Ω）、电平（dB）、交流（~）、直流（-）和设置（Settings）按钮，单击这些按钮便可进行相应的转换。用万用表可测量交直流电压、电流、电阻和电路中两点间的分贝损失。EWB 平台上的万用表具有自动量程转换功能，因此不用指定测量范围。利用设置按钮 Settings 可调整电流表内阻（Ammeter resistance）、电压表内阻（Voltmeter resistance）、欧姆表电流（Ohmmeter current）和电平表 0 dB 标准电压（Decibel standard）。电流表（A）量程：0.01 μA ~ 999 kA；电压表（V）量程：0.01 μV ~ 999 kV；欧姆表（Ω）量程：0.001 Ω ~ 999 MΩ；交流频率范围：0.001 Hz ~ 9 999 MHz。

虚拟万用表的使用方法与真实的数字万用表基本相同。

（二）函数信号发生器

函数信号发生器的虚拟面板如附图 2-8 所示。

函数信号发生器是一种能提供正弦波、三角波或方波信号的电压源，它以方便而又不失真的方式向电路提供信号。可调整的参数有频率（Frequency）、占空比（Duty Cycle）、振幅（Amplitude）、DC 偏移（Offset）。

虚拟信号发生器有三个输出端："-"为负波形端、"Common"为接地端、"+"为正波形端。虚拟信号发生器的使用方法与实际的信号发生器基本相同。

（三）瓦特表

瓦特表用来测量电路的功率，交流或者直流均可测量。用鼠标双击瓦特表的图标，弹出放大的瓦特表面板，如附图 2-9 所示。

附图 2-7　数字万用表

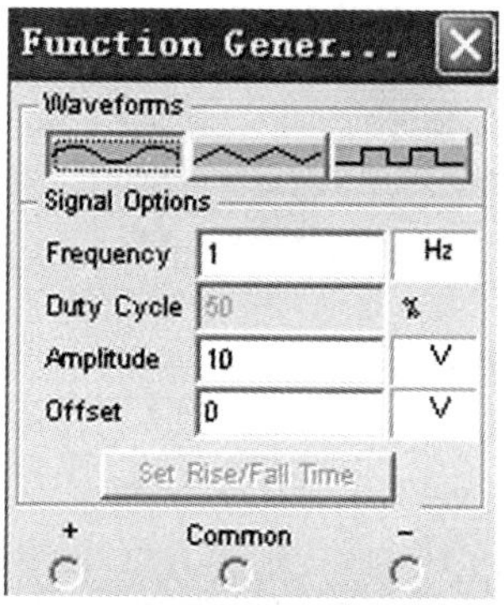

附图 2-8　函数信号发生器

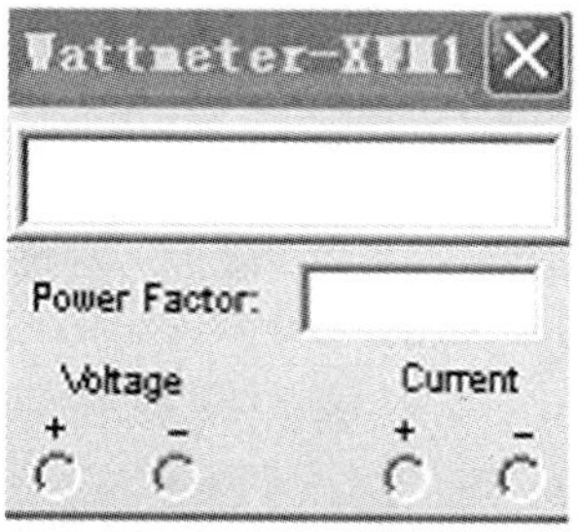

附图 2-9　瓦特表

电压输入端与测量电路并联，电流输入端与测量电路串联。

（四）示波器

虚拟示波器的使用方法和实际示波器的使用相同，根据需要选择通道 A 或通道 B，调整 X 轴扫描、Y 轴衰减、触发选择、耦合方式等项，调整时用鼠标单击单位栏上、下三角。示波器面板如附图 2-10 所示。

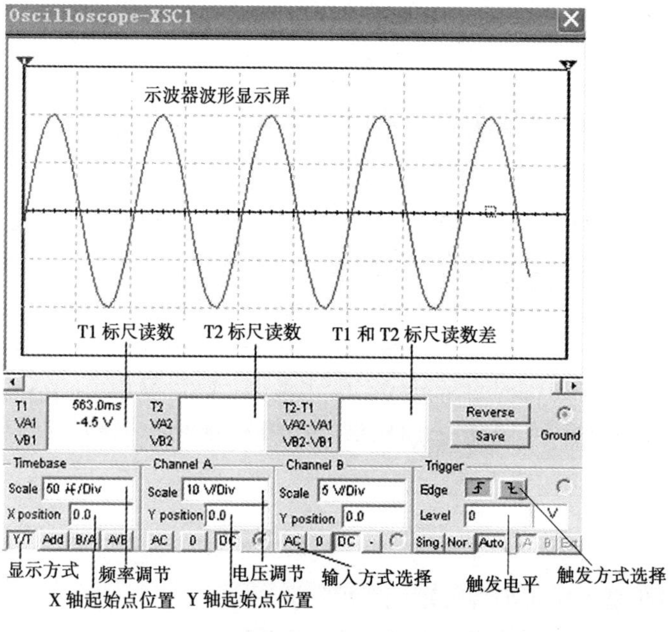

附图 2-10　示波器面板

示波器显示波形的颜色可以通过设置导线的颜色确定，可用七种颜色显示波形。按相反（Reverse）按钮可以改变屏幕背景颜色，按保存（Save）按钮可以按 ASCII 码格式存储波形读数。虚拟示波器不一定要接地，只要电路中有接地元件便可。单击仿真电源开关，示波器便可马上显示波形，将示波器探头移到新的测试点时可以不关电源。

（五）波特图仪

波特图仪类似实验室用的扫频仪，可以测量和显示电路的幅频特性和相频特性。波特图仪有 In 和 Out 两个端口,对应接到电路输入、输出端口的(+)端和(-)端。在使用波特图仪时,必须在电路的输入端接入 AC(交流)信号,对频率没有特殊要求,频率测量的范围由波特图仪的参数设置决定。波特图仪面板如附图 2-11 所示。

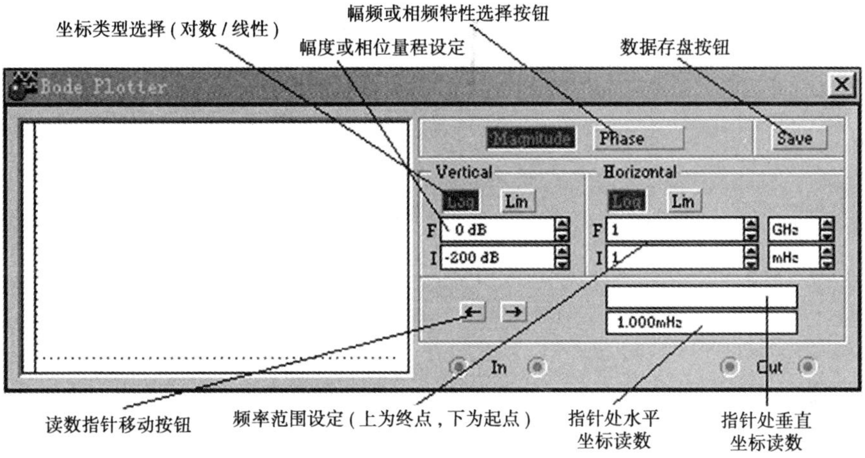

附图 2-11　波特图仪面板

波特图仪面板仿真启动后可以修改波特图仪的参数,如坐标范围及在电路的测试点,但修改后最好重新仿真,以保证曲线的完整与准确。

(六)数字信号发生器

数字信号发生器实际上是一台多路逻辑信号源,它能产生 16 路(位)同步逻辑信号,用于数字逻辑电路进行测试。其面板如附图 2-12 所示。

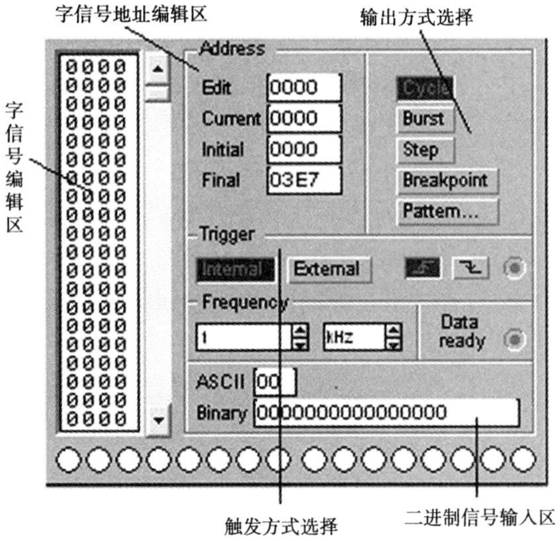

附图 2-12　数字信号发生器面板

在信号编辑区,16 bit 的数字信号以 4 位十六进制数编辑和存放。可以存放 1 024 条数字信号,地址编号为 0～3FF(hex),编辑区的显示内容可以通过滚动条前后移动。使用鼠标单击十六进制数区的某一行,输入十六进制数码,也可以在面板下面的二进制数字信号输入区输入二进制码。在地址编辑区可以编辑或显示与数字信号地址有关的信息。其中 Edit 区显示当前正在编辑的数字信号地址，Current 区显示当前正在输入的数字信号的地址，Initial 区和 Final 区分别用于编辑和显示输出数字信号的首地址和末地址。数字信号发生器被激活后，数字信号将按照一定规律逐行从底部的输出端送出，同时在面板底部对应于输出端的 16 个小圆圈内实时显示输出信号各位的二进制数值。

数字信号的输出方式为循环（Cycle）、全部（Burst）、单步（Step）。如单击一次全部（Burst）按钮，则从首地址到末地址连续逐条地输出一遍数字信号；单击单步（Step）按钮输出一条数字信号，这种方式适合于对电路进行单步调试；单击循环（Cycle）按钮会不断地按全部的方式输出数字信号。全部和循环方式的输出快慢节奏是由输出频率决定的。选中某地址的数字信号后，单击断点（Breakpoint）按钮则该地址被设置为断点，在使用全部方式输出时，当运行到该地址时输出暂停，再按 F9 键或仿真暂停开关可恢复运行。

当选择内（Internal）触发方式时，数字信号的输出方式按钮启动运行。当选择外触发方式时，需要接入外触发的脉冲信号，还要设置上升沿触发或下降沿触发，此后单击输出方式按钮，待触发脉冲到来时启动输出。此外，在输出端还能得到与输出数字信号同步的时钟脉冲。

（七）逻辑分析仪

虚拟逻辑分析仪和实际的仪器相似，可以同步记录和显示 16 路数字信号，可以用于数字逻辑信号的高速采集和时序分析，是分析复杂数字信号的有力工具。逻辑分析仪的面板如附图 2-13 所示。

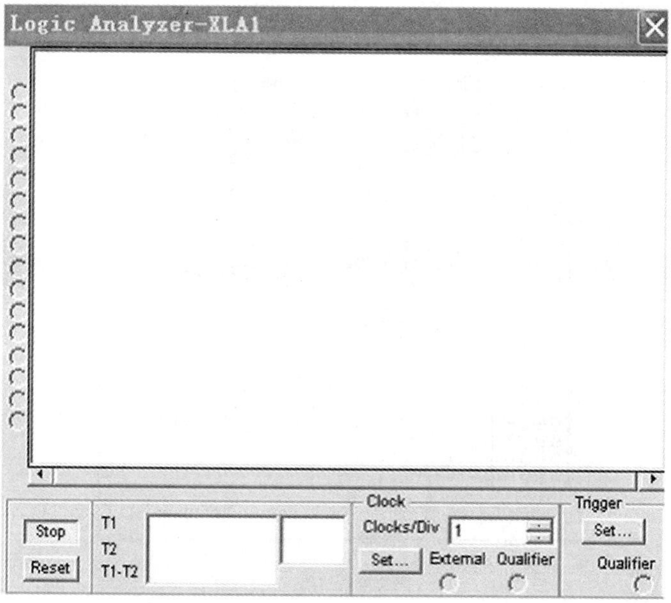

附图 2-13　逻辑分析仪面板

面板左边的 16 个小圆圈对应 16 个输入端，小圆圈内实时显示各路输入逻辑信号的当前值，从上到下依次为最低位至最高位。通过修改连接导线颜色来区分显示不同波形，波形显示的时间轴值可通过修改时间刻度设置（Clocks per division）予以确定。拖曳读数指针可以读取波形的数据，面板下面的大方框中显示读数指针 T1 和 T2 处的时间读数及读数指针 T2 和 T1 的差值，在小框内显示逻辑读数(4 位十六进制)。

触发边缘设置有 Positive：正跳沿触发，Negative：负跳沿触发，Both：双触发。

触发方式有多种选择，单击触发设置按钮会弹出如附图 2-14 所示触发方式对话框，可以输入 A、B、C 三个触发字，三个触发字的识别方式通过触发组合选择。触发字的某一位设置为 × 时则该位为 0、1 都可以。三个触发字的默认设置均为 ×××××××××××××××× ，表示只要第一个输入逻辑信号到达，逻辑值无论为 0 或 1，逻辑分析仪均被触发开始波形采集，否则必须满足触发字的组合条件才能触发。

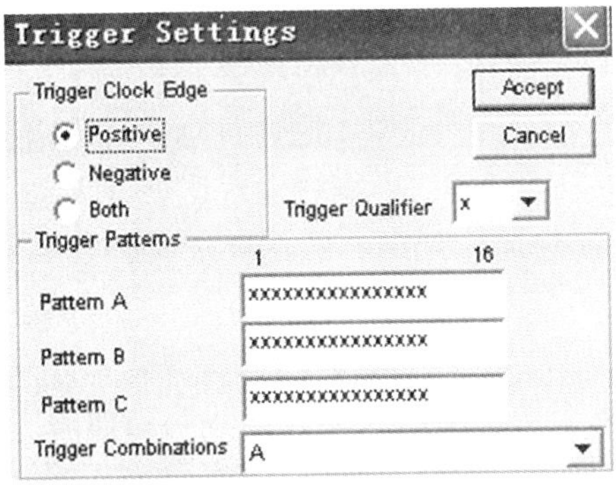

附图 2-14　触发模式选择设置

单击时钟区的采样时钟按钮将得到波形采集的时钟设置对话框，如附图 2-15 所示，可以选择内部时钟(Internal)或外部时钟(External)，上升沿有效或下降沿有效。如果选择内部时钟，还可以设置频率(Clock Rate)。另外，对时钟限定(Clock Qualifier)进行设置可以决定输入时钟的控制方式，若使用默认方式 ×，表示时钟总是开放，不受时钟控制输入的限制；若设置为 1，表示时钟控制为 1 时开放时钟，逻辑分析仪可以进行采样；若设置为 0，表示时钟控制为 0 时开放时钟，逻辑分析仪可以进行采样。也可以设置逻辑分析仪触发前的点数(Pre - trigger Samples)、触发后的点数(Post - trigger Samples)以及触发电平(Threshold Voltage)。

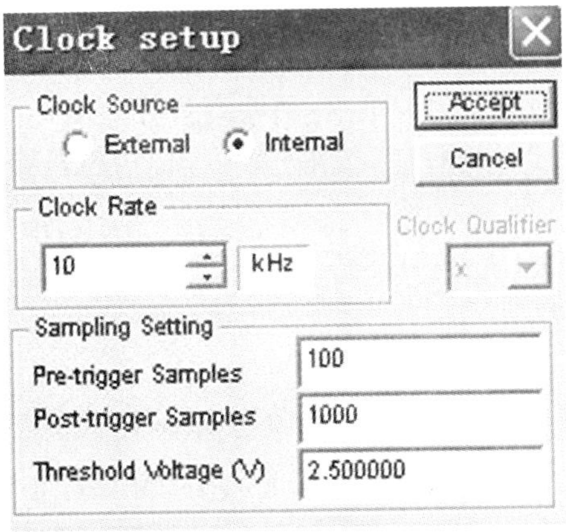

附图 2-15　时钟设置对话框

(八)逻辑转换器

实际工作中没有与逻辑转换器对应的设备。逻辑转换仪能够完成真值表、逻辑表达式和逻辑电路三者之间的相互转换,这一功能给数字逻辑电路的设计与仿真带来了很大方便。在仪器面板的左上方,有8个输入端A、B、C、D、E、F、G、H和一个输出端OUT。单击输入端便可在下边的窗口中显示出各个输入信号的逻辑组合(1或0),附图2-16所示。

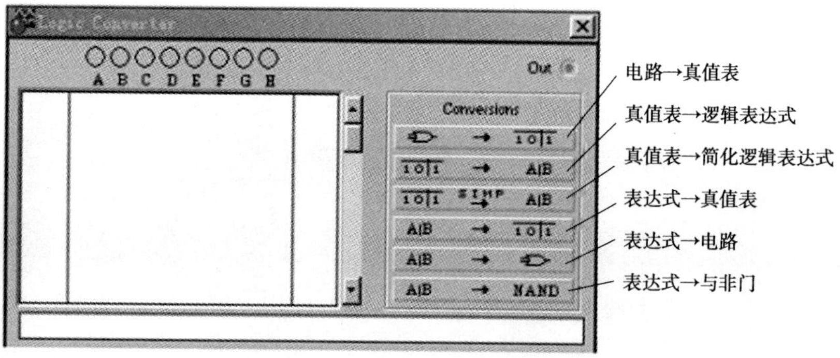

附图2-16　逻辑转换器面板

在面板的右边排列着6个转换按钮(Conversions),功能的使用介绍如下:

电路图导出真值表:首先画出逻辑电路图,将电路输入端连接至逻辑转换器的输入端,电路输出端连接至逻辑转换器的输出端,按下"电路→真值表"按钮,即可在真值表区得到该电路的真值表。

真值表导出逻辑表达式:首先根据输入信号的个数,用鼠标单击逻辑转换器面板上面输入端的小圆圈(A~H),选定输入信号。此时真值表区会自动出现输入信号的所有组合,而输出列全部为0,可以根据所需要的逻辑关系修改真值表的输出值。按下"真值表→逻辑表达式"按钮,在逻辑表达式栏内出现相应的逻辑表达式。若要化简逻辑表达式,可按下"真值表→简化逻辑表达式"即可。表达式中的"'"表示逻辑变量的"非"。

化简逻辑表达式:用鼠标左键单击仪器底部的表达式显示区,键入与或表达式或者或与表达式,按下表达式化简按钮,便可马上得出化简结果。

从逻辑表达式导出逻辑电路:单击仪器底部的表达式显示区,键入逻辑表达式,按下"表达式→电路"按钮,在电子工作平台的工作窗口中便可马上显出相应的逻辑电路。

将逻辑电路转换为只用与非门的电路:只要符合转换条件,可先将逻辑电路转换为逻辑表达式,然后按下"表达式→与非门"按钮,便可立即进行转换。

(九)失真度分析仪

失真度分析仪(Distortion Analyzer)是一种测试电路总谐波失真与信噪比的仪器,在用户所制定的基准频率下,进行电路总谐波失真或信噪比的测量。

面板如附图2-17所示。

Total Harmonic Distortion(THD):显示测试总谐波失真的值,其值可以用百分比表示,也可用分贝数表示,可通过点击Display Mode区中的"%"按钮或"dB"按钮选择。

Fundamental Frequency:设置基频,移动下面的滑块可改变其基频值。频率范围从20 Hz到20 kHz。

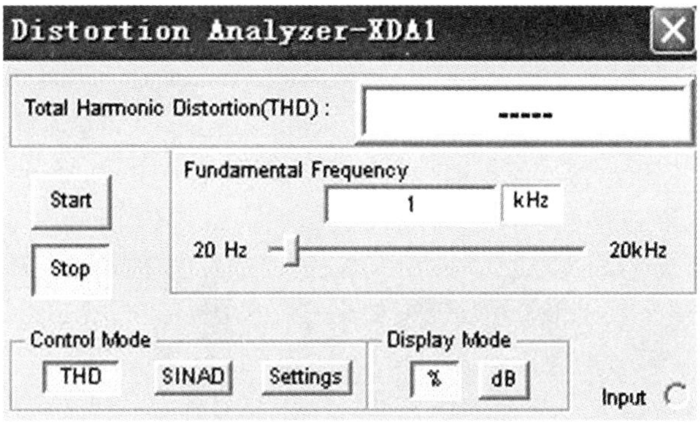

附图 2-17　失真度分析仪面板

Control Mode:控制模式。THD:选取测试总谐波失真;SINAD:选取测试信号信噪比,即 S/N;Settings:设置测试的参数。

THD Defination:选择总谐波失真的定义方式,包括 IEEE 及 ANSI/IEC 两种定义方式。

Start Frequency:设置起始扫描频率;End Frequency:设置终止扫描频率;Harmonic Num:选取谐波次数。最后点击 OK 按钮即可。

(十)频谱分析仪

频谱分析仪用来分析信号的频域特性,Multisim 提供的频谱分析仪频率范围上限为 4 GHz,频谱分析仪面板如附图 2-18 所示。

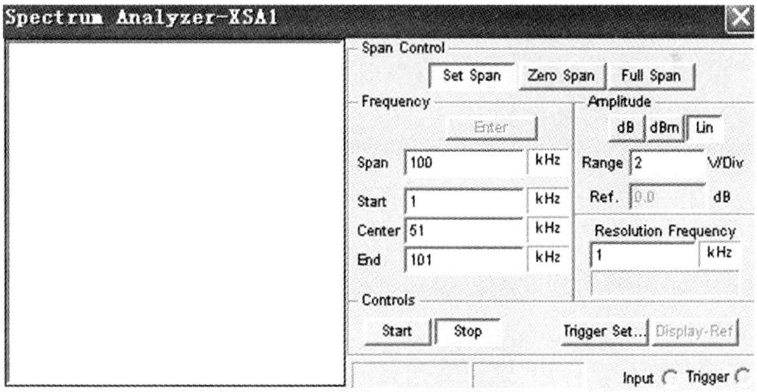

附图 2-18　频谱分析仪面板

在 Span Control 区中:当选择 Set Span 时,频率范围由 Frequency 区域设定。当选择 Zero Span 时,频率范围仅由 Frequency 区域的 Center 栏中设定的中心频率确定。当选择 Full Span 时,频率范围设定为 0 到 4 GHz。

在 Frequency 区中:Span 设定频率范围,Start 设定起始频率,Center 设定中心频率,End 设定终止频率。

在 Amplitude 区中:当选择 dB 时,纵坐标刻度单位为 dB;当选择 dBm 时,纵坐标刻度单位为 dBm;当选择 Lin 时,纵坐标刻度单位为线性。

在 Controls 区中:当选择 Start 时,启动分析。当选择 Stop 时,停止分析。当选择 Trigger Set 时,选择触发源是 Internal(内部触发)还是 External(外部触发),选择触发模式是 Continue(连续触发)还是 Single(单次触发)。

(十一)网络分析仪

网络分析仪是一种用来分析双端口网络的仪器,它可以测量衰减器、放大器、混频器、功率分配器等电子电路及元件的特性。Multisim 2001 提供的网络分析仪可以测量电路的 S 参数并计算出 H、Y、Z 参数。网络分析仪面板如附图 2-19 所示。

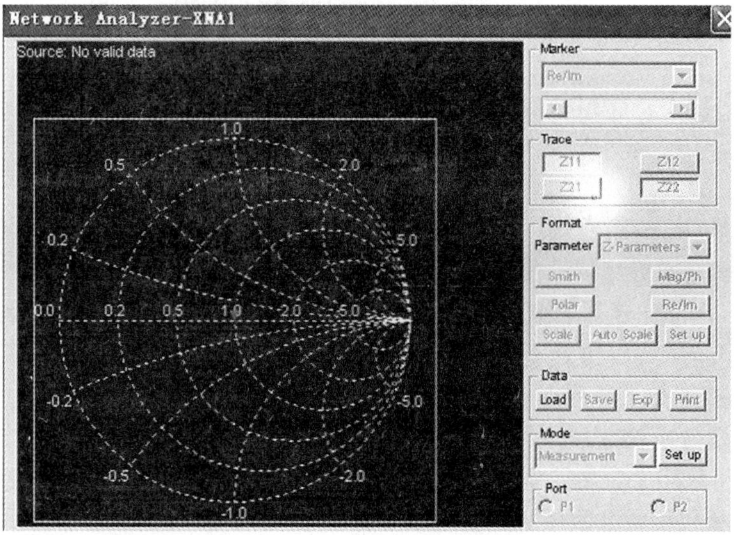

附图 2-19　网络分析仪面板

Marker:显示窗口数据模式。Re/Im:直角坐标模式;Mag/Ph(Degs):极坐标模式;dB Mag/Ph(Deg):分贝极坐标模式。

Trace:选择需要显示的参数。

Format:参数格式设置。Parameter:选择所要分析的参数。Smith:史密斯格式;Mag/Ph:增益/相位的频率响应图即波特图;Polar:极化图;Re/Im:实部/虚部。

Scale:设置显示模式的刻度参数;Auto Scale:程序自动调整刻度参数设置;Set up:显示窗口的显示参数设置。

Data:数据管理功能。Load:读取专用格式数据文件;Save:存储专用格式数据文件;Exp:输出数据至文本文件;Print:打印数据。

Mode:分析模式。Measurement:测量模式;Match Net. Designer:电路设计模式;RF Characterizer:射频特性分析模式;Set up:设定分析模式参数。

(十二)其他虚拟仪器

软件按照"即取即测,直接简便"和"真实模拟,创设实境"两个原则另有两类虚拟仪器。第一类是 Probe(探针),取用方便,简化接线;另一类是知名厂商设备的模拟,取用时面板和操作与实际设备高度吻合。现举一例,如附图 2-20 所示,是实训室常见的安捷伦公司的函数发生器,软件中的设备面板与实际设备一致,对此设备的操作,与实训室中实际设备操作的情况几乎完全相同,只是接线更加容易,万一出错,也不会有实际设备损坏情况的发生。同时本软件提供与 NI 虚拟仪器的接口,也支持创建虚拟仪器。

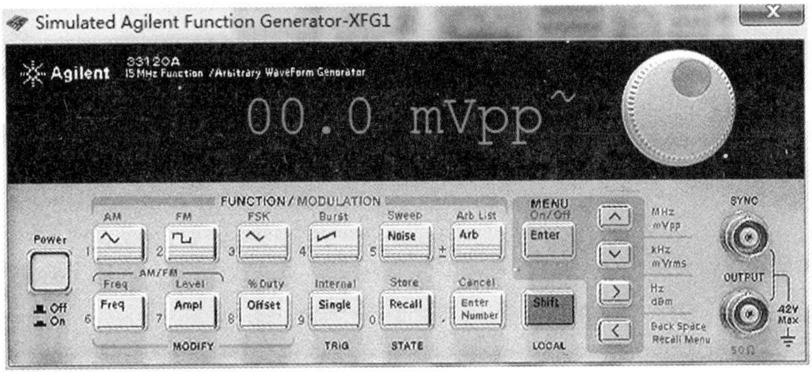

附图 2-20　安捷伦公司的函数发生器

参考文献

[1] 刘建清,梁明义,牟善江. 用万用表检测电子元器件与电路从入门到精通[M]. 北京:国防工业出版社,2003.
[2] 陈国培,谭克清,陈杰菁. 维修电工基础技术[M]. 上海:上海科技出版社,2008.
[3] 付值桐. 电工技术实训教程[M]. 北京:高等教育出版社,2002.
[4] 贾学堂. 电工与电子技术实验实训[M]. 上海:上海交通大学出版社,2011.
[5] 左全生. 电路分析教程[M]. 2 版. 北京:电子工业出版社,2010.
[6] 邢迎春,葛廷友. 电工基础[M]. 3 版. 北京:北京航空航天大学出版社,2013.
[7] 王廷才,赵德申. 电工电子技术 EDA 仿真实验[M]. 北京:机械工业出版社,2007.